잠 못들 정도로 재미있는 이야기

과학수사

야마자키 아키라 감수 | 박승범 감역 | 이영란 옮김

BM (주)도서출판 성안당

과학적 증거는 거짓말을 하지 않는다

최첨단 과학을 범죄수사나 사실 해명에 사용하는 것이 '법과학'이다.

일본의 과학경찰연구소 전 부소장인 세타 스에시게 씨는 "『법과학(Forensic Science)』이란 자연과학 이론과 기술을 범죄수사에 적용하여 판사가 법정에서 '유죄인지 무죄인지'를 판정하기 위해 공헌하는 학문이다"라고 정의했다.

이 분야에서 선두를 달리고 있는 미국과 유럽에서는 법의학이나 법과학과 같은 과학기술을 누구보다 일찍 도입하여 많은 범죄자를 검거해 왔다. 자백에 의존하던 일본의 경찰수사도 과학적 증거에 의한 입증을 지향해 2차 세계대전 이후 많은 연구자들이 꾸준히 노력하여 미국이나 유럽과 어깨를 나란히 하고 있다.

그리고 현재는 형사재판뿐만 아니라 민사재판에서도 과학적 감정을 요구하여 재판의 판정에 많은 기여를 하고 있다.

이를 더욱 가속화한 것이 PC의 출현이었다. 많은 검사 예나 대량의 데이터를 저장하여 라이브러리를 구축함으로써 하나의 현상이 무엇에 해당하는지 순식간에 답을 구할 수 있게 된 것이다.

또한 DNA 감정은 놀랄 만한 수준으로 발전하여 지문 감정 이래로 개인식별의 왕좌를 단숨에 차지하게 되었다. 그 정밀도는 약 4조 7천억 명 중에서 일치하는 사람을 찾아낼 수 있으며, 최신 시약을 사용하면 경이나 해 단위로 식별할 수 있다. 한편 왕좌를 빼앗긴 듯했던 지문 감정도 최신 화상분석기술을 구사하여 지금까지 인식하지 못했던 지문의 특징점을 읽어 들일 수 있게 되었다.

DNA와 지문 감정은 과거의 콜드 케이스(미해결 범죄) 해결에 결정적인 역할을 함으로써 흉악범의 공소시효 철폐, 검거, 그리고 해결로 이어지게 되었다. 앞으로 많은 범죄 사건에 대한 대응은 보다 과학적이고 신속 확실하게 처리되어 갈 것이다. 과학적 증거는 거짓말을 하지 않는다.

이 책에서는 현재 범죄수사의 주류인 지문, DNA, 화상분석부터 위조문서, 교통사고, 최근 빈발하는 사이버 범죄, 약물 범죄까지 다양한 과학수사의 기법을 소개한다. 언젠가 자신의 신변에 일어날지도 모르는 범죄에 대해 아주 사소한 것이라도 결정적 증거가 될 수 있다고 인식하기 바란다.

또 최근에는 감식이나 과학수사연구원 등을 주제로 한 드라마가 각광을 받고 있다. 지금까지 있었던 휴먼 드라마에 '과학'이라는 조미료를 가미함으로써 한층 깊이 있는 드라마가 완성된다고 한다. 이 책을 과학수사의 설명서로 활용한다면 드라마가 한층 더 재미있어질 것이다.

야마자키 아키라(Yamazaki Akira)

들어가며 2

4

제6장

갑자기 휘말린 화재·교통사고 감정   95

제7장

다발하는 위협 약물 남용 · 독극물 감정   105

제8장

앞으로의 과학수사   121

제 0 장

사체가 말해주는
사건의 전모

01 사체에서 무엇을 알 수 있을까?

우선 자살인지 타살인지를 가려낸다

　　범죄는 살인, 사체훼손 및 유기, 상해, 폭행, 절도, 강도, 약취, 유괴 등 다양하다. 과학수사의 방법은 이러한 범죄의 종류에 따라 달라진다.

　　특히 변사체에서는 먼저 자살인지 타살인지 아니면 병사인지 등을 알아내야 한다. DNA 감정의 정밀도는 '인간의 지혜를 넘어선 신의 눈'이라고 할 정도로 발전했지만, 사체나 DNA 감정으로 모든 것을 알 수 있는 것은 아니다. 감정을 하기 전에 자살인지, 타살인지, 병사인지를 잘못 판단하면 사건 자체를 해결할 수 없는 것은 물론이며, 만일 타살인 경우 다음 피해자가 나올지도 모르는 최악의 상황으로 이어질 수 있다. TV 등에서 검시라는 말을 자주 사용하는데, 검시에는 법률적인 검시(檢視)와 의학적인 검시(檢屍)가 있다. 법률적인 검시는 의사의 입회하에 사법경찰관 등이 대행하여 사인이나 사망시각을 추정한다. 한편 의학적인 검시는 다시 검안과 부검으로 나뉘는데, 검안(檢案)은 의사가 의학적 소견을 바탕으로 사체를 겉에서부터 검사하는 것을 말하며, 부검은 검안으로는 부족한 사인을 해부를 통해 밝히는 것을 말한다. 이러한 검시로 사인이나 사망시각을 추정하는데, 검안을 통해서는 사체검안서를, 검시(檢視)를 통해서는 사체 판별조서를 작성한다.

　　부검 중 살인과 같은 범죄성이 있는 경우는 '사법해부'를 실시하지만, 대부분의 변사체는 해부를 실시하지 않는 경우가 많다.

　　참고로 세계에서 이상사체 해부율이 가장 높은 나라는 스웨덴으로 89.1%이다. 범죄 해결에는 과학수시의 최신 기술인 법과학과 변사체의 사법해부와 같은 부검, 이 둘이 중요하다.

검시로 무엇을 알 수 있을까?

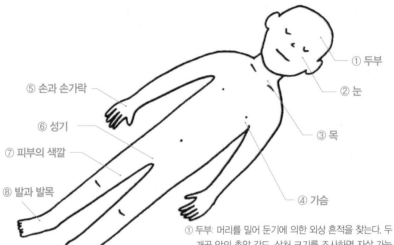

⑤ 손과 손가락

⑥ 성기

⑦ 피부의 색깔

⑧ 발과 발목

① 두부

② 눈

③ 목

④ 가슴

9

현장 검증에서 자살로 판단하는
3대 포인트

● 사체가 있는 현장이 밀실이다.
● 현장에 싸운 흔적이 보이지 않는다.
● 유서가 남겨져 있다.

현장만 봐도
대개 자살인지 타살인지
알 수 있지!

① **두부**: 머리를 밀어 둔기에 의한 외상 흔적을 찾는다. 두 개골 안의 총알 각도, 상처 크기를 조사하면 자살 가능성을 배제할 수 있다.

② **눈**: 질식사의 경우 결막에 점상 출혈(일혈점)이 보이는 경우가 있다.

③ **목**: 삭흔(압박흔)을 확인한다. 손이나 팔로 목을 졸라 죽이면 액살, 끈이나 코드를 사용하면 교살이라고 하는데 특정한 삭흔이 보인다. 교살 시에는 피해자의 목에 할퀸 상처(요시카와선)가 보이거나 액살의 경우는 설골(목젖 위 U자형 뼈)이 부러지는 경우도 있다.

④ **가슴**: 흉부나 갈비뼈에 보이는 베인 상처나 총알구멍은 흉기의 종류나 범인이 어느 손잡이인지 등을 특징지을 수 있다.

⑤ **손과 손가락**: 몸을 보호할 때 생기는 자잘한 베인 상처(방어 창상)로 흉기를 알아낼 수 있다. 피해자가 저항했다면 손톱과 손가락 사이에 가해자의 피부 조각(DNA)이 남아 있는 경우도 있다.

⑥ **성기**: 부자연스러운 상처가 없는지를 조사하여 강간살인이 의심될 때는 체액을 채취한다.

⑦ **피부의 색깔**: 일산화탄소 중독이나 사이안화물 중독은 혈관이 빨갛게 피부에 비쳐 보이는 경우도 있다. 청색증(청보라빛 피부)이 보이는 경우는 질식 상태에 있었다고 생각할 수 있다. 시반이나 멍도 확인한다.

⑧ **발과 발목**: 이 부분이 부어 있으면 만성심부전 등의 심장질환을 생각할 수 있다.

02 사망시각은 어떻게 알 수 있을까?

체온하강, 시반, 사후경직 등으로 판단한다

살인사건을 수사할 때 중요한 것은 사망시각이다. 사망시각을 알아내면 사건이 일어난 시간을 알 수 있기 때문이다. 사망시각을 알아낸 후에 목격자 정보를 수집하고 피의자의 알리바이를 확인한다. 그렇다면 사망시각은 어떻게 추정하는 것일까?

바로 '사체의 현상'으로 알아내는데, 이는 사람이 죽은 후에 시작되는 육체의 변화를 사체검안이나 사법해부로 조사하고 이를 역산해서 알아낸다.

가장 큰 단서는 '체온하강'이다. 사람이 죽으면 매시간 약 1℃씩 체온이 저하하고, 10시간이 지나면 매시간 0.5℃씩 내려간다고 한다. 나이나 체격, 외부 기온, 환경에 따라 차이가 있으므로 법의학에서는 직장의 온도를 두 번 이상 측정하는 것을 원칙으로 하고 있다.

눈의 각막은 건조의 영향을 가장 받기 쉽기 때문에 사망 후 투명한 상태에서 서서히 불투명하게 탁해진다. 그래서 '각막의 혼탁도'로도 사망시각을 추정할 수 있다. 각막혼탁은 사후 6시간 후부터 시작되어 1~2일 후에는 매우 탁해진다.

또 혈액 순환이 멈추기 때문에 몸 아래쪽 부분에 혈액이 고여 피부가 어두운 붉은 보랏빛으로 변색하는 '시반'은 사후 30분 정도에 나오기 시작하여 2~3시간에는 선명하게 나타나 12~15시간에 최고점에 달한다. 근육이 수축하는 '사후경직'은 약 2시간 후부터 시작한다. 보통 아래턱, 목덜미, 몸통, 팔, 다리의 각 관절 순으로 진행되어 12~15시간에 최고점에 달하고 2일 후에는 느슨해진다.

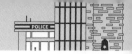

사체는 시간이 경과하면 융해와 부패가 진행되어 지상에서는 약 1년, 땅 속에서는 3~4년에 거의 백골로 바뀐다. 뼈의 조직구조로 사후 경과 연수를 조사하는 것도 가능하다.

사망시각을 추정하는 요인

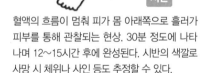

각막의 혼탁

사후 6시간 후 혼탁이 시작되며 강한 혼탁 은 1~2일 후에 일어난다. 눈을 뜨는 방법 이나 온도에도 좌우된다.

음식물의 소화

음식물은 위에 들어간 지 약 5시간이 지나면 모두 소화된 다(위가 빈다). 사후에도 위액 에 의한 소화 작용이 일어나 며 개인차가 크기 때문에 판 정에 주의해야 한다.

체온 변화

일반적으로 사망 후 약 몇 분은 체온이 유지되지만 1~10시간까지는 1℃, 그 후는 0.5℃씩 저하된다. 하 지만 기온이 체온보다 높을 경우는 체온이 오르는 등 환 경 요소에 따라 바뀔 가능성 이 있다.

사후경직

경직은 보통 12~15시간에 가장 강해 지며, 2일 전후로 풀린다고 여겨진다. 주변 온도가 높을수록 경직이 빨리 나 타나며 지속 시간도 짧다.

시반

혈액의 흐름이 멈춰 피가 몸 아래쪽으로 흘러가 피부를 통해 관찰되는 현상. 30분 정도에 나타 나며 12~15시간 후에 완성된다. 시반의 색깔로 사망 시 체위나 사인 등도 추정할 수 있다.

사체 현상의 진행은 환경이나 개인차가 크게 영향을 줘!

말기의 사체 현상

자가 융해와 부패
사후 체내의 효소에 의해 세포분해현상 (자가융해)과 체내나 주변 환경에 있는 박 테리아, 곰팡이에 의한 분해현상(부패)으 로 사체는 분해된다.
*자가융해와 부패는 일반적으로 같이 진행된다.

↓

백골화
지상에서는 1년, 땅 속에서는 3~4년에 거의 백골화된다.

03 백골사체에서 신원을 확인하는 방법

두개골과 골반으로 성별을 판별한다

백골사체에서 성별을 알아내는 포인트는 20군데 이상 있는데 특히 두개골과 골반에 집중되어 있다. 예를 들어 뇌가 들어 있는 공간을 만드는 뇌두개로 비교해 보면 남자는 정수리 부분이 발달한 형태(두정형)이고, 여자는 전두골이 발달하여 튀어나온 형태(전두형)이다. 또 남자의 두개골은 보다 단단하고 울퉁불퉁한 데 비해, 여자는 섬세하며 울퉁불퉁한 부분이 적다. 그 외에 미궁(눈썹 라인)이나 미간, 유상돌기, 아래턱뼈(하악골), 관자뼈(측두골)의 관골돌기 후근부, 관골궁 부분 등에서 차이가 보인다. 두개골로 성별을 판별하는 정확도는 약 90%라고 한다.

골반은 두개골보다 성별 차이를 두드러지게 알 수 있는 부위이다. 남자의 골반은 전체적으로 단단하며 뼈도 두껍고 높이가 있으며 폭이 좁은 모양을 하고 있다. 골반연(골반상구)은 하트 모양을 하고 있으며 여자에 비해 작다. 한편 여자의 골반은 남자에 비해 뼈의 두께가 얇고 높이도 낮으며 폭이 넓은 형태를 하고 있고, 골반연은 달걀 모양으로 남자보다 크다. 폭이 넓은 형태를 하고 있기 때문에 두덩활(치골궁)은 여자의 경우 90° 이상이며 U자 모양을 하고 있다.

좌골과 치골로 둘러싸인 폐쇄공은 남자는 원형, 여자는 삼각형이며, 골반 상부에 있는 천골을 앞에서 보면 남자는 폭이 좁고 길며, 여자는 폭이 넓고 짧다. 또 두개골의 이음매(봉합)를 보면 오차폭 ±10세 정도로 추정이 가능하다. 치골 결합면이나 이의 마모 등 가능한 한 많은 뼈를 종합적으로 판단하여 연령을 추정한다.

신장은 위팔과 허벅지의 팔다리를 구성하는 장관골로부터 통계적으로 산출해 낸 신장 추정식을 사용하여 추정할 수 있다.

뼈로 신원을 조사한다

성별

두개골에 따른 차이(전체적으로 남자가 크다)

① 뇌두개: 남자는 정수리 부분이 발달해 있고 여자는 이마뼈(전두골)가 돌출되어 있다.

② 미궁: 눈썹 부분의 활모양의 뼈가 남자는 뾰족한 반면 여자는 뾰족하지 않다.

③ 유상돌기: 관자뼈(측두골) 뒤쪽 아래 부분에 있는 유상돌기가 남자는 뾰족한 반면 여자는 뾰족하지 않다.

④ 아래턱뼈: 남자는 직선 모양으로 울퉁불퉁한 반면 여자는 둥근 모양을 하고 있다.

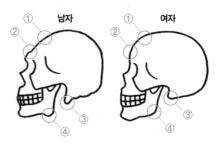

골반 모양에 따른 차이

① 골반연(골반상구): 남자는 좁고 하트 모양을 하는 반면 여자는 넓고 달걀 모양을 하고 있다.

② 두덩활: 남자는 예각 같은 V자 모양이며 여자는 무딘 활모양으로 U자 모양을 하고 있다.

③ 천골: 앞에서 봤을 때 남자는 폭이 좁고 여자는 넓다. 길이는 남자가 더 길다.

나이

두개골 봉합의 차이

태어날 때 사람의 정수리는 45개의 뼈 조각으로 나뉘어져 있다가 나이가 들면서 봉합(①시상봉합. ②관상봉합 등)이 유합된다. 이 봉합 정도로 나이를 추정할 수 있다. 참고로 신생아에게는 대천문이 있는데 2살 전후로 완전히 폐쇄되는 경우가 많다.

키

위팔뼈(상완골)나 넙다리뼈(대퇴골)와 같이 비교적 긴 뼈로 키를 산출한다. 다리뼈로 산출하는 방법이 가장 정확하다. 또 태어날 때 있는 골단선은 20~24살 정도에 붙는다고 한다.

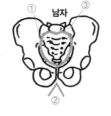

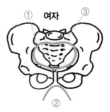

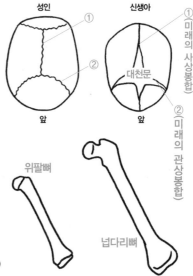

추정 신장(cm) = 81.036 + 1.880 × 넙다리뼈 최장 길이(cm)

※칼 피어슨의 신장 추정식

13

04 두개골로 생전의 얼굴을 복원한다

컴퓨터를 사용한 슈퍼임포즈법

백골사체의 신원 확인 방법은 크게 2가지가 있다. 첫 번째는 백골사체로부터 해당 신원을 알게 된 경우 그 사람의 얼굴 사진이나 X선 사진과 백골사체의 두개골 특징을 비교하여 동일 인물인지 아닌지를 확인하는 방법이다.

현재는 '3D 슈퍼임포즈법'이라는 방법을 주로 사용한다. 비디오카메라로 촬영하여 두개골 정보를 구하거나 CT 스캔을 해서 모니터 상에서 대조하는 방법으로, 두개골의 방향을 전환하거나 크기를 자유롭게 조절해서 피부나 근육 두께까지 정확하게 측정할 수 있으므로 정밀도가 상당해 높은 대조 방법이다.

3D 슈퍼임포즈 이전에는 슈퍼임포즈법이라는 기법을 사용했었다.

신원 불명의 두개골과 해당 인물의 얼굴 초상화 사진을 겹쳐서 윤곽이나 눈썹, 안와, 코, 입술 등 18군데의 위치 관계를 비교하는 감정 방법이다.

슈퍼임포즈법은 약 85년 전부터 시행되어 왔는데 컴퓨터의 발달과 함께 정밀도가 급속히 올라간 과학수사기법이다.

두 번째는 해당 신원이 발견되지 않은 백골사체의 경우 두개골로부터 생전의 얼굴 모양을 복원하는 방법이다. 통계학 데이터에 기초하여 점토로 살을 붙여 입체적으로 복원하는 방법과 컴퓨터로 복원하는 방법이 있는데, 컴퓨터의 경우는 피부색이나 주름, 연령별 변화를 나타낼 수도 있으며 다양한 버전을 표현할 수 있다.

그 외에 X선 사진이나 CT 스캔한 3D 이미지로부터 미간 주변의 전두동의 형태를 비교하는 '전두동 지문법'도 정밀도가 높은 개인 식별 방법이다.

두개골로부터 얼굴을 복원한다

➜ 이미지를 겹쳐 해당 인물을 알아내는 슈퍼임포즈법

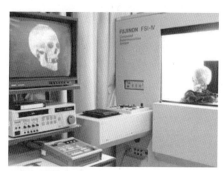

컴퓨터 지원형 슈퍼임포즈 시스템
출처: 일본 과학경찰연구소 웹사이트

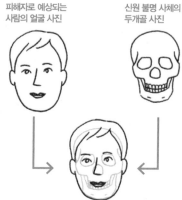

피해자로 예상되는
사람의 얼굴 사진

신원 불명 사체의
두개골 사진

사진을 겹쳐 18군데의 해부학적 특징을 대조

➜ 기타 감정법

□ 복안법
신원 불명의 백골사체의 두개에 점토 등
으로 살을 붙여 생전의 얼굴을 복원한다.

□ 전두동 지문 감정
백골사체를 X선으로 촬영하여 해당
인물의 생전 X선 사진과 형태를 비교
하여 개인을 식별한다. 특히 미간 부
분의 전두동은 개인차가 크므로 이
부분의 대조는 정밀도가 높다.

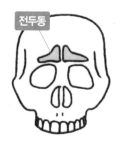

전두동

백골사체라도 정확하게
개인 식별이 가능해!

두개골로 생전의 얼굴을 복원한다

05 여러 분야로 나뉘어져 있는 과학수사기관

감식과 과학수사연구원, 과학경찰연구원

과학수사의 역할은 범인의 자백 외에 범행을 밝히는 증거를 찾는 것이다. 일본의 경우 보통 물적 증거의 감정은 각 지방자치단체 경찰의 '감식과'나 '과학수사연구소(약칭 과수연)'에서 한다. 감식과는 지문이나 발자국 등과 같은 증거를 취급하고 경찰견을 사용한 수사도 하지만, 감식과에서 감정할 수 없는 고도의 증거에 대해서는 전문가가 소속된 과수연으로 보내 분석을 의뢰한다. 과수연은 증거품의 과학감정과 감정방법을 연구하는 기관으로, DNA형, 문서, 음성, 약물, 독극물 등 많은 과학감정을 한다. 또 사법해부는 대도시 등에 설치되어 있는 감찰의무원이나 의학대학원의 법의학 교실에서 하고 있다.

과수연에서 다룰 수 없는 대규모 사건의 감정이나 고도의 설비를 필요로 하는 감정에 대해서는 '과학경찰연구소(약칭 과경연)'가 담당한다. 과경연은 경찰청 소속기관으로 위조 화폐나 총기의 감정 등 각종 감정 작업 외에 과학수사 전반에 관한 전문적인 연구도 하고 있다.[1]

범죄도 다양해지고 과학수사도 광범위한 지식이나 기술을 필요로 하기 때문에 각 자치단체에서도 어려운 범죄에 대응할 수 있도록 각 분야의 전문

---

1   우리나라의 경우 전문적인 과학수사 감정과 연구는 국립과학수사연구원에서 하며, 디지털 범죄에 해당하는 분야 정도만 경찰청 디지털포렌식센터에서 자체적으로 업무를 담당한다.
우리나라의 국립과학수사연구원은 일본의 과학수사연구소와 과학경찰연구소 기능을 포함한다.
또한 대검찰청에 과학수사부가 별도의 조직으로 구성되어 있어 대부분의 법과학 분야와 디지털포렌식 분야는 검찰수사의 자체적인 업무 지원을 담당하고 있다.

가가 최첨단 정보를 모으고 수사기술을 개발하고 있다. 하지만 경찰은 친자인지 아닌지에 대한 감정이나 유언장의 필적 감정 등과 같은 민사상 문제에는 '민사 불개입'을 원칙으로 개입하지 않는다.

과학수사기관의 역할과 직무

지방자치단체 경찰본부

감식과
초동 감식으로 현장의 지문, 발자국 채취, 사진 등과 같은 자료의 채취 · 감정을 한다. 경찰견 운용도 담당한다.

과학수사연구소(과수연)
혈액 · DNA 감정, 약물 · 독극물 감정 등 법의학, 화학, 물리학, 문서 등 전문 분야에서 과학수사의 연구 · 감정을 한다.

경찰청

형사국 감식과
지문 센터, 감식 자료 센터가 있어서 전국 경찰 본부에 정보를 제공한다.

과학경찰연구소(과경연)
경찰 내외의 관련 기관에서 의뢰받은 각종 과학감정을 한다. 또 감정 기술의 연구 · 개발도 한다.

감찰의무원, 의학대학원

법의학교실
경찰의 의뢰를 받아 사건성이 있는 변사체 등의 사법해부를 하며, 사인 등을 감정한다.

난 경찰 감식과 소속이야.

여러 분야로 나뉘어져 있는 과학수사기관

과학수사는 어떤 일을 하지?

문서·음성 감정
p.81

지문 감정
p.19

DNA 감정
p.35

화상 감정
p.51

혈흔·체액·
모발·족적·
섬유 감정
p.65

약물·독극물 감정
p.105

생물화학병기
·폭발물 감정
p.114

화재·교통사고 감정
p.95

그 외 과학수사
☐ 최신 기술 응용 감정　　　　　　　p.121
☐ 폴리그래프(거짓말 탐지기) 검사　　p.126

제 **1** 장

개인을 식별하는
지문 감정

06 지문이 과학수사의 왕도가 되기까지

계기는 일본의 지장과 혈판

왜 지문이 개인을 식별하는 데 효과를 발휘할까? 그 이유는 세상에 동일한 지문을 가진 사람은 없다는 '만인부동'과 평생 바뀌지 않는다는 '종생불변'이라는 2대 특징을 갖고 있기 때문이다.

전 세계의 사람 중 단 한 명을 특정할 수 있는 과학수사의 왕도인 지문 감정은 100년이 넘는 역사를 가지고 있는데, 그 계기는 일본에 있었다. 1874년 일본에 선교사로 온 영국인 의사 헨리 폴즈(1843~1930)는 진료를 하면서 지문의 연구를 병행했다. 그 이유는 일본에서 오래전부터 신분 인증의 수단으로 지장을 찍던 것에 흥미를 가졌기 때문이다. 또 오모리 패총(조개무지)의 조몬 토기에 붙어 있는 지문에도 주목해 과학지 〈네이처〉에 지문이 만인부동, 종생불변이라는 것을 발표했다.

비슷한 시기에 영국의 윌리엄 허셜도 지문에 관한 논문을 발표하였는데, 그는 범죄자를 수감할 때 지문 날인을 하는 등 실전적인 연구를 거듭하여 지문의 유용성을 증명해 보였다.

그 후 다윈의 이종형제인 프랜시스 골턴이 지문에 대해 논문을 발표하고 저서 〈지문〉을 출판했다. 이런 내용에 일찍부터 관심을 갖고 있던 런던 경시청은 인도에 근무하던 에드워드 헨리(후일 경시총감이 됨)가 고안한 '헨리식 지문법'을 1901년에 채택하였는데, 이 식별법에 의해 지문을 사용한 개인 식별이 범죄 수사에 활용되어 범죄자의 통제가 시작된 것이다.

이후 이 방법이 전 세계에 퍼져 1911년에는 일본 경시청이 지문제도를 채택했다.

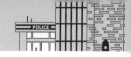

지문 감정의 발전에 기여한 사람들

헨리 폴즈(1843~1930년)
영국 의사, 1874년에 일본 방문.
일본의 지장이나 혈판 습관이나 오모리 패총 발굴을 도왔을 때 토기에 붙어 있던 지문에 흥미를 가지고 지문을 연구하여 '지문에 의한 과학적 개인 식별에 관한 연구 논문'을 과학지 〈네이처〉에 투고했다. 당시 근무하던 병원의 의료용 알코올을 훔쳐 마신 범인을 색출하는데 지문이 도움이 되었다는 에피소드도 있다.

프랜시스 골턴(1822~1911년)
영국 통계학자, 초기 유전학자. 진화론을 제창한 다윈의 이종형제.
지문에 대한 논문 발표 및 저서 〈지문〉도 출판하여 지문을 이용하여 범죄자를 알아내는 수사 방법의 확립에 공헌했다. 엘리트 주의였던 골턴은 폴즈의 발표를 무시했기 때문에 폴즈의 공적은 그가 살아 있는 동안은 인정받지 못했다.

윌리엄 허셜
인도 벵갈 지방의 행정관장. 당시 인도인에 대한 급여의 이중 지급을 막기 위해 지문을 이용했다. 지문에 대해 과학지 〈네이처〉에 발표했다.

에드워드 헨리
지문분류법을 완성하고 범죄수사에 활용했다. 경찰관으로서 인도에서 근무했으며, 후에 런던 경시청의 경시총감이 되었다.

인도의 통치 힌트가
영국 런던 경시청의 지문 감정으로
이어진 거지!

07 일본인의 지문 종류

기본형은 4종류로 소용돌이 지문이 많다

사람의 혈액형과 마찬가지로 지문도 몇 가지 종류로 분류할 수 있다. 일본인의 지문은 크게 분류하면 4종류로 나뉜다. 가장 많은 유형은 중심이 소용돌이를 감고 있는 '와상문'이며, 그 다음이 말발굽 모양을 하고 있는 '제상문', 중앙에서 활모양으로 굽어 있는 '궁상문', 그리고 이 3종류에 속하지 않는 '변태문'이 있는데, 이 지문은 상당히 희귀한 모양의 지문이다. 그러나 이 분류는 어디까지나 기본형으로, 이를 더욱 세분하면 더 많은 종류의 지문이 있다.

또한 한 손가락에 앞에서 말한 지문이 2종류 이상 혼재해 있거나 손가락에 따라 지문이 다른 사람도 있다. 참고로 검지에 많은 유형으로는 궁상문·갑종제상문이 있으며, 중지와 소지(새끼손가락)에 많은 유형으로는 을종제상문이 있다. 엄지와 약지에는 와상문이 많다고 한다. 갑종제상문이란 제상문 중 제상선이 엄지 쪽으로 흐르는 문양이며, 을종제상문은 새끼손가락 쪽으로 흐르는 문양을 말한다.

더욱이 지문은 인종에 따라 다른 특징을 갖고 있기도 하다. 아프리카 원주민과 아랍 일부 민족, 오스트레일리아 원주민(에버리지니)에게는 궁상문이 많고, 와상문은 적다. 유럽인이나 아프리카 니그로 인종의 경우 제상문이 많고 궁상문이 적으며, 아시아 몽골 인종은 와상문이 많고 궁상문이 적다.

또 일본인과 미국인을 비교해 보면 궁상문은 일본인의 전체 약 10%인데 비해 미국인은 약 5%, 제상문은 일본인이 약 40%, 미국인이 약 60%, 와상문은 일본인이 약 50%, 미국인이 약 35%라는 비율로 되어 있다. 지문은 참으로 신비롭다고 할 수 있다.

와상문

중심이 소용돌이 모양으로 일본인의 약 50%를 차지한다.

제상문

말발굽 모양과 비슷하다. 융선이 엄지 쪽으로 흐르는 갑종과 새끼손가락 쪽으로 흐르는 을종이 있다. 일본인의 약 40%를 차지한다.

궁상문

중앙이 활시위 모양을 하고 있다. 손가락 한쪽에서 시작하여 반대쪽에서 끝난다. 일본인의 약 10%를 차지한다.

변태문

와상문, 제상문, 궁상문에 속하지 않는 지문.
일본인의 1%가 채 되지 않는 특이한 지문이다.

➜ **판별이 불가능한 지문**

☐ **손상 지문**
태어나서 외상으로 영구적인 손상을 입은 지문.

☐ **불완전 지문**
일시적인 창상, 마찰, 화상 등으로 인해 분류할 수 없는 지문.

☐ **결여 지문**
손가락 끝이 대부분 없어져(잘리어) 분류할 수 없는 지문.

> 혈액과는 달리 한 손가락에 2개 이상의 문양이 혼합된 사람도 있어!

08 지문은 융선이 만드는 문양

손가락 끝에서 나오는 수분과 피지가 부착된 것

지문은 손가락 끝에서 볼록 튀어나온 선 부분과 움푹 들어간 부분이 만들어 내는 문양이다. 이 문양을 만드는 것은 움푹 들어간 고랑 부분이 아니라 볼록 튀어나 융기된 선인 '융선'이다.

융선에는 수많은 구멍이 있는데 이 구멍이 바로 진피의 땀샘에서 끊임없이 분비되어 나오는 땀의 구멍, 즉 한공(汗口)이다. 손에는 피지와 같은 분비물이 부착되어 있어서 물건에 손끝을 갖다 대면 스탬프처럼 지문이 되어 남는 것이다.

피지를 분비하는 땀샘은 모공 부근에만 있기 때문에 손가락 끝에는 땀만 분비된다. 땀만으로도 지문은 남을 수 있지만 수분은 증발되면 사라져 버린다. 지문으로 남는 것은 얼굴이나 팔 등에서 나온 피지나 분비물을 무의식중에 만져서 손가락에 붙어서 생기는 것이다.

또 지문이 남는 방법에도 차이가 있다. 크게 2종류로 나뉘는데 하나는 육안으로도 확인할 수 있는 '현재지문(顯在指紋)'과 육안으로는 거의 볼 수 없어 과학적인 검출 방법을 사용하여 육안으로 확인할 수 있게 만드는 '잠재지문(潛在指紋)'이 있다.

현재지문은 혈액이나 잉크 등이 묻은 손으로 물건을 만진 경우나 점토와 같이 모양이 쉽게 바뀌는 것을 만졌을 때, 또 먼지가 쌓인 곳에 손가락을 댔을 경우에 남는 지문이다. 처음부터 육안으로 확인할 수 있기 때문에 카메라로 사진을 찍어서 채취한다.

잠재지문은 유리나 금속, 플라스틱, 종이, 페트병, 휴대전화 등을 만졌을

때 육안으로는 확인할 수 없지만 지문이 남는 것으로, 범죄현장에 남는 지문은 대부분이 잠재지문이다. 보이지 않는 지문을 어떻게 잘 채취하는지가 수사의 관건이다.

지문은 왜 남을까?

➡ **피부 구조와 지문이 남는 메커니즘**

융선
피부 소골

손가락 끝에는 가는 골(피부 소골)과 튀어나온 부분인 피부 소능(융선)이 평행하여 뻗어 있다. 이 융선이 만들어 내는 문양이 지문이다. 땀샘을 통해 손가락 끝의 땀구멍에서 분비되는 수분과 다른 곳에서 분비되는 피지가 손가락 끝에서 섞여 스탬프처럼 작용하여 만지면 지문으로 남는다.

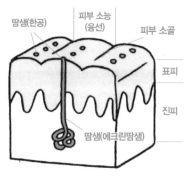

땀샘(한공)
피부 소능(융선)
피부 소골
표피
진피
땀샘(에크린땀샘)

손끝의 피부 구조

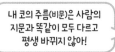

내 코의 주름(비문)은 사람의 지문과 똑같이 모두 다르고 평생 바뀌지 않아!

25

➡ **현재지문과 잠재지문**

□**현재지문**

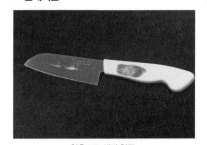

혈흔으로 생긴 혈문

혈액 등으로 가시화되어 있는 지문. 이 지문은 카메라로 촬영한다.

□**잠재지문**

분말법으로 띄워 나타나는 지문

대부분 육안으로는 볼 수 없지만 특수광학기기(ALS) 등과 같은 과학적인 검출 수단을 사용하여 가시화되는 지문. 범죄현장의 지문 채취는 대부분이 잠재지문이다.

09 지문의 특징점을 대조하여 범인을 찾아낸다

12군데가 일치하면 동일한 지문이다

현장에 남은 현재지문이나 검출한 잠재지문을 '현장지문'이라고 한다.

현장지문에는 피해자와 그 가족, 친구, 과거에 그곳을 방문한 사람들의 지문도 남아 있기 때문에 각각이 누구의 지문인지를 조사하는데, 이 작업을 '지문대조'라고 한다.

지문의 대조는 융선의 모양 패턴에 따라 분류하는데, '특징점'이라고 하는 융선의 국소적인 모양과 그 위치에 착안하여 시행한다(특징점에 대한 상세 내용은 오른쪽 그림 참조). 특징점은 하나의 지문에 많게는 150~160점이 있으며 적게는 50~60점이 있다고 한다. 현장지문과 범인의 지문을 비교하는 지문대조에서는 먼저 두 개의 지문의 문형을 비교하고 똑같은 문형인 경우는 다시 특징점의 모양과 위치를 비교한다. 두 지문의 특징점이 12개 일치하는 경우 동일 지문으로 간주한다.

이러한 대조 방법은 '12 특징점 지문 감정법'이라고 하는데, 두 개의 지문의 특징점이 12점 일치할 확률은 1조분의 1이라고 한다. 현재는 국제적으로도 이 '12 특징점 지문 감정법'을 사용한 감정 결과를 재판의 증거로 채택하고 있는 나라가 대부분이다.

하지만 실제로는 손가락 손상이나 마찰, 화상 등으로 인해 문형의 분류나 12점의 특징점을 확인할 수 없는 경우도 있다.

또한 채취한 현장지문에 대해 피해자나 가족과 같은 '관계자 지문'과 그렇지 않은 '보류 지문'을 취사선택해 가는 작업이 수사의 첫걸음이 된다. 그리

고 범인일 가능성이 있는 인물의 지문과 보류 지문을 대조해 일치한 것에 대해서는 해당 인물의 '유류지문(遺留指紋)'으로 지정한다.

지문의 주요 특징점

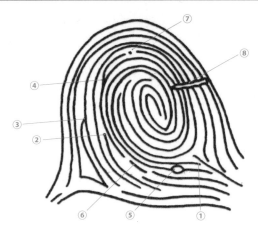

① 단점(시작점)
융선이 시작되는 부분
② 단점(끝점)
융선이 끝나는 부분
③ 접합점
융선이 두 줄에서 한 줄로 합류하는 위치의 점
④ 분기점
융선이 한 줄에서 두 줄로 분기하는 위치의 점
(이상은 시계 방향이 기준)

⑤ 삼각주
분기한 융선이 원래 융선에 접합하여 생긴 섬 형태의 모양
⑥ 단선(短線)
짧은 융선
⑦ 점
융선에서 독립되어 있는 융점
⑧ 손상
영구적으로 지워지지 않는 손상의 흔적

➜ **지문 채취부터 감정까지의 흐름**

특징점은 하나의 지문에
많게는 150~160점,
적게는 50~60점이 있어!

10 보이지 않는 지문을 검출하는 방법 ①

가루로 융선을 띄우는 '분말법'

지문을 남기게 하는 피부 분비물은 대부분이 수분이며 나머지는 염화나트륨(염분), 칼륨, 칼슘과 같은 무기화합물 성분과 유산, 아미노산, 요소와 같은 유기화합물 성분, 피지샘에서 나오는 지방성분 등으로 되어 있다. 지문 검출방법의 원리는 이런 각 성분에 대응하는 시약과의 화학반응을 이용하는 것이다.

그런데 지문이 부착되는 물건은 컵이나 밥그릇, 서류, 봉투, 돈과 같은 종이제품, 식칼, 나이프와 같은 금속제품, 비닐봉투나 접착테이프와 같은 포장재료, 옷이나 사체의 피부에 이르기까지 다양하다.

때문에 채취할 대상물의 표면에 가장 적합한 방법을 선택하여 가능한 한 선명한 지문을 검출하는 기술이 필요하다.

지문 검출방법 중 가장 일반적인 방법으로는 영화나 드라마에서 많이 볼 수 있는 '분말법(고체법)'이다. 화학반응을 이용하는 것이 아니라 고운 분말을 부착시킨 솔이나 붓으로 융선을 따라 지문을 칠하는 방법이다.

솔에는 깃털이나 토끼털과 같은 동물의 털이나 유리섬유로 된 것, 자기성이 있는 것 등 몇 십 종류가 있어서 상황에 맞춰 나눠서 사용한다. 또 철분을 부착시킨 자기 브러시를 사용하는 방법은 모든 지문의 검출에 효과가 좋다.

부착시키는 분말은 은백색 알루미늄 분말과 검은색 카본 분말이 일반적이지만 노란색이나 녹색과 같은 형광색 분말도 사용한다. 대상물의 성질이나 표면의 거친 정도, 배경 색 등에 따라 나눠서 사용한다.

지문이 확인되면 사진을 찍고 젤라틴 종이라는 셀로판 접착테이프와 같은 것에 전사시켜 검은 대지 등에 붙이면 채취 작업이 완료된다.

보이지 않는 지문을 검출한다 ①

분말법

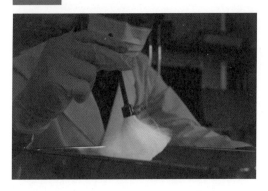

현장에서 지문이 남았을지도 모르는 대상물에 솔이나 붓에 분말을 부착시켜 융선을 따라 칠해 지문이 보이도록 하는 방법이다. 유리나 금속과 같이 수분을 흡수하지 않는 곳에 붙어 있는 지문 검출에 적합하다. 부착시키는 분말은 대상물의 종류에 따라 달라지지만, 일반적으로는 은백색의 알루미늄 분말, 검은 카본 분말을 사용한다.

29

➔ 솔이나 자기 브러시를 사용

솔은 깃털이나 토끼털과 같은 동물의 털부터 유리섬유 재질 등 다양하다. 또 자기 브러시에 자기를 띤 특수한 자기성 파우더를 부착시켜 지문이 남아 있는 곳을 부드럽게 쓸어내려 지문을 띄우는 방법도 있다.

이거라면 잠재지문도 문제없이 검출할 수 있겠군.

컵에 붙은 지문을 검출

**형광분말 시약으로
지폐의 지문을 검출**

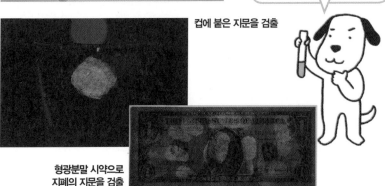

보이지 않는 지문을 검출하는 방법 ①

11 보이지 않는 지문을 검출하는 방법 ②

분말법 외에도 잠재지문을 검출하는 방법은 크게 나눠도 40종류 이상의 방법이 있다고 한다.

대표적인 방법인 '액체법'은 액체 시약을 사용하여 지문을 검출하는 방법인데, 시약과 분비물을 화학 반응시키는 방법과 시약을 분비물에 부착시키는 방법이 있다. 가장 대표적인 방법은 '닌히드린'을 사용하는 방법으로, 아미노산과 반응하여 자주색으로 검출된다. 종이나 골판지, 목재 등에 남은 지문 검출에 효과를 발휘한다. 사람의 아미노산은 건조한 상태에서 보관되면 변화가 적기 때문에 30~40년 지난 증거자료에서도 지문이 검출되는 경우가 있다.

'분무법(기체법)'은 요오드나 '시아노아크릴레이트'와 같은 시약을 기체화시켜 분비물에 포함되는 성분과 화학반응을 일으키는 방법이다.

요오드는 지방산과 반응하면 황갈색으로 바뀌는 성질이 있기 때문에 수분을 흡수한 종이 제품이나 물속에 버려져 지방산만이 남아 있는 칼이나 식칼 등과 같은 흉기로부터 지문을 검출하는 데 사용된다.

시아노아크릴레이트는 순간접착제에 포함되는 성분으로 플라스틱이나 페트병, 피혁제품 등에 남은 지문의 수분과 분비물에 반응한다.

이 방법은 일본에서 개발되어 현재 전 세계에서 사용되고 있는 방법이다.

그 외에도 크리스털 바이올렛이라는 시약이나 수단블랙(Sudan Black)이라는 시약으로 지문의 단백질을 물들이는 방법이나 'ESDA'나 'VSC'라는 전용 장치로 시약을 사용하지 않고 잠재지문을 이미지화하는 방법도 있다.

보이지 않는 지문을 검출한다 ②

액체법

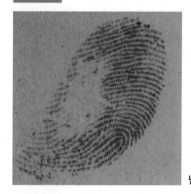

닌히드린 시약을 사용하는 방법이 일반적이다. 지문이 남아 있다고 생각되는 곳에 수용액을 뿌리거나 솔로 칠하여 검출한다. 지문 안의 아미노산에 반응하여 자주색 지문이 떠오른다. 그 외에 벤진을 사용하는 방법이나 형광 발색을 이용한 DFO법 등이 있다.

닌히드린 시약으로 검출한 지문(자주색 지문)

31

분무법

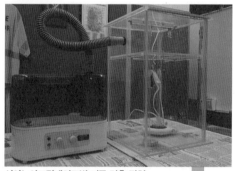

기체화시킨 시약을 사용하여 분비 성분에 화학반응을 일으켜 검출하는 방법. 일본에서 개발된 시아노아크릴레이트법은 흰색의 지문을 띄운다. 요오드를 사용한 방법도 있다.

> 사람에게 남은 지문의 채취는 일본 과수연 OB가 개발한 '디벨로퍼'를 FBI도 사용하고 있어!

시아노아크릴레이트법 지문 검출 장치

시아노아크릴레이트를 조제 용해한 용액을 만들고 그 시약을 연구용 핫플레이트(사진에서 아크릴박스 안)에 2~3 방울 떨어뜨린다. 핫플레이트를 가열시키면 그 증기에 의해 검체의 지문이 하얗게 떠오르게 된다.

시아노아크릴레이트로 검출한 지문

12 순식간에 과거 범죄자의 지문과 대조

지문 자동식별 시스템(AFIS)

예전에는 수작업으로 하던 현장지문의 대조를 지금은 컴퓨터를 사용한 '지문 자동식별 시스템(AFIS=에이피스)'으로 신속하게 이루어진다. AFIS에 대한 연구는 1960년대부터 시작되었는데, 미국의 FBI(연방수사국)가 1978년 무렵에 처음으로 도입했고 일본 경찰청은 1982년부터 사용하고 있다.

AFIS에는 경찰청 지문센터가 관리하는 지문 데이터베이스가 사용된다. 이 데이터베이스에는 과거에 검거된 범죄자의 지문이 800만 건 이상, 과거에 발생한 범죄현장에 남아 있던 현장지문이 몇 십만 건이나 등록되어 있다.

AFIS로 대조할 때는 범죄현장에 남아 있는 현장지문과 저장되어 있는 과거 범죄자의 지문을 대조하는 유류지문 대조가 일반적이다.

대조 속도는 1건에 대해 0.1초미만으로 상당히 빠르며, 일치하지 않는 지문을 차례로 제외시켜 나가 앞에서 말한 특징점이 동일한 지문을 찾아낸다. 채취한 현장지문이 일부만 있더라도 그 부분을 사용하여 일치하는 지문을 찾아낸다.

특징점이 12군데 일치하면 동일지문으로 간주하지만(26쪽 참조) 확률적으로 말하면 지문의 융선 특징점이 8개 일치하면 1억분의 1의 확률, 12개 일치한 것이 나타날 가능성은 1조분의 1의 확률이 되므로 전 세계 인구 73억에 대해 지문의 특징점이 12개 일치한다는 것은 확률적으로는 본인이 아니고서는 가능성이 없다. 그러나 AFIS가 시행하는 것은 어디까지나 특징점이 일치하는 검색이므로 최종판단은 지문 전문기술가가 하나하나 분석해야 하기 때문에 결국은 사람의 눈의 역량에 달려있다.

AFIS 대조 시스템

➜ AFIS=Automated Fingerprint Identification System

전국 경찰

유류지문 대조 →

← 회신

경찰청 형사국 감식지문센터 AFIS 시스템

범죄 전과자 지문 800만 건 이상

범죄현장에 남은 현장지문 수십만 건

데이터 베이스

읽어 들임

채취한 현장지문을 특수 카메라와 스캐너를 사용하여 이미지로 읽어 들임

이미지 선명화

읽어 들인 지문 이미지를 선명하게 한다. 이미지의 선명화는 55쪽 참조

선명화 작업 전

선명화 작업 후

대조

경찰청의 AFIS 시스템에 등록되어 과거 범죄자의 지문 대조나 의심 인물과의 지문 대조를 한다.

피의자의 지문인지 아닌지 최종 판단은 여러 명의 지문 감정인이 해!

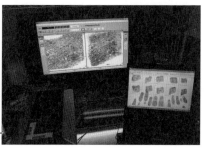

순식간에 과거 범죄자의 지문과 대조

COLUMN

손가락에서 지문을 지울 수 있을까?

지문은 언제부터 손에 새겨지는 것일까? 지문은 태중에 있을 때부터 생기는 것으로 갓 태어난 아기에게도 손가락에 지문이 분명하게 새겨져 있다.

범행 시 지문을 지우려고 장갑을 착용해도 장갑의 흔적은 남게 되며 장갑의 종류나 제조업체를 알아내면 범인의 범위를 좁힐 수도 있다.

또 장갑을 착용한다는 것 자체가 상습범이나 계획범이라는 것을 나타내므로 이 또한 수사의 재료가 된다. 현장에서 장갑 흔적을 발견한 경우 지문 검출 작업도 신중히 한다. 범행 시 세세한 작업을 할 때 무의식적으로 장갑을 벗어버리는 범인이 많기 때문이다.

게다가 범인의 장갑이 유류품으로 발견되면 그 장갑의 안쪽에 지문이 남아있어 대조가 가능해지므로 완전범죄는 사실 불가능하다고 할 수 있다.

그렇다면 지문을 지워버리면 어떻게 될까?

피부는 표피와 진피, 2층으로 되어 있는데 가벼운 베인 상처나 화상 등으로 상처를 입는 것은 표피까지로, 일시적으로 지문이 옅어지는 경우는 있어도 피부가 재생되면 지문도 똑같이 재생된다.

수술로 진피층까지 지문을 제거하거나 강한 산성물질로 지문을 녹이면 격심한 고통을 동반하지만 지문을 확실히 지워 재생을 할 수 없다. 하지만 의도적으로 지문을 지우는 행위 자체가 의심스러운 행위라 스스로 범죄자라고 자백하는 꼴이 되므로 그다지 의미는 없다고 할 수 있다.

제 2 장

미크로 명탐정, DNA 감정

13 생명의 설계도라 부르는 DNA

고도의 정밀도로 개인을 식별할 수 있는 이유

'DNA'는 그 사람의 모든 것을 결정하는 생명의 설계도이다. DNA형은 사람마다 달라 개인을 식별할 수 있다. 사체의 아주 작은 일부나 단 한 올의 머리카락을 가지고도 DNA 감정으로 신원이 확인되었다는 뉴스를 자주 보곤 한다. 그렇다면 왜 DNA는 그렇게 정확하게 개인을 식별할 수 있는 것일까? 먼저 DNA의 구조를 알아야 한다.

사람의 몸은 약 60조 개의 세포로 이루어져 있다. 피부세포, 근육세포, 신경세포 등과 같이 부위에 따라 형태나 역할은 다르지만 하나의 세포에는 하나의 핵이 존재한다. 세포핵 안에는 23쌍 46줄의 염색체가 있는데, 이 염색체를 형성하고 있는 것이 'DNA(데옥시리보 핵산)'이다. 염색체를 늘리면 2m나 되는 사다리 모양의 이중 나선 구조를 하고 있는데 이것이 접혀진 상태로 저장되어 있다.

또 A(아데닌), T(티민), G(구아닌), C(사이토신)이라는 4종류의 '염기'가 2개씩 결합되어 있는데, A는 항상 T와 쌍을 이루며 G는 C와 쌍을 이룬다. 이 페어를 염기쌍이라고 하는데 DNA 안에는 약 30억 개의 염기쌍이 있다. 이 4종류의 염기배열은 사람마다 달라 그 나열 방법의 차이로 개인을 식별할 수 있는 것이다. 23쌍의 염색체 중 22쌍은 사람의 다양한 형질을 만드는 '상염색체'이며, 나머지 한 쌍은 성별을 결정하는 '성염색체'이다. 성염색체에는 X염색체와 Y염색체가 있다.

남자는 XY, 여자는 XX 성염색체를 갖고 있는데, 쌍으로 되어 있는 것 중 하나는 아버지로부터 다른 하나는 어머니로부터 물려받으므로 부모자식간은 2분의 1의 DNA를 공유한다.

세포와 염색체, DNA의 관계를 알자

➡ 세포의 구조

☐ 염색체와 DNA(데옥시리보 핵산)

각 세포에는 하나의 핵이 있으며 핵 안에는 유전
정보가 실린 DNA가 뭉쳐져 저장되어 있는 염색
체가 있다. DNA는 유전정보의 본체로, 4종류의
염기(그림 참조)를 갖고 있는데 그 배열이 다양하
기 때문에 사람마다 유전정보가 달라진다. 그런
데 DNA 중 유전정보가 쓰여 있는 부분은 전체
의 2% 정도라고 한다.

☐ 세포

생명의 최소단위로 사람의 몸은 약 60조 개의
세포로 이루어져 있다. 각각의 세포는 똑같은 기
능을 하는 세포가 모여 4종류의 조직으로 나뉘
어 몸을 유지하기 위한 기관을 만들고 서로 연계
하여 개체를 형성한다.

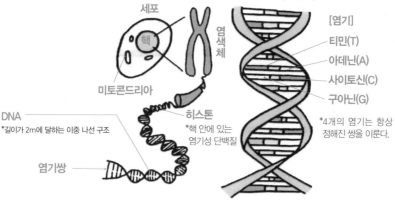

세포

핵

미토콘드리아

염색체

DNA
*길이가 2m에 달하는 이중 나선 구조

히스톤
*핵 안에 있는
염기성 단백질

염기쌍

DNA의 구조(확대도)

[염기]
티민(T)
아데닌(A)
사이토신(C)
구아닌(G)

*4개의 염기는 항상
정해진 쌍을 이룬다.

➡ 성별을 결정하는 염색체의 구조

사람의 염색체는 46줄 있는데 2줄씩 쌍을 이루고 있다. 그중 44개(22쌍)는 '상염색체'이며 나머지 2개
(1쌍)는 성별을 결정하는 '성염색체'이다. 성염색체에는 X염색체와 Y염색체가 있다. 여자는 2줄의 X염
색체 'XX', 남자는 'X염색체와 Y염색체가 한 줄씩' 조합되어 있다. 남녀의 성별은 이 염색체의 조합에
의해 결정된다.

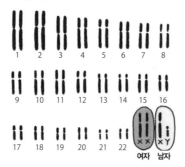

1 2 3 4 5 6 7 8

9 10 11 12 13 14 15 16

17 18 19 20 21 22

XX XY
여자 남자

내(개) 염색체 수는 78줄 있어!
*(상염색체38 + 성염색체1) x 2 = 78

14 5300년 전의 DNA가 인류의 뿌리를 해명한다

시간의 벽을 넘은 DNA 감정

DNA는 혈액형과 비교하여 상당히 적은 증거자료나 오래되어 손상된 증거자료로도 감정할 수 있다.

특히 미토콘드리아 DNA 감정은 DNA를 채취할 수 있는 확률이 높기 때문에 오래된 증거자료의 분석에 적합하다고 한다.

미토콘드리아는 세포 안에서 세포가 활동하기 위한 에너지를 생산한다. 미토콘드리아에도 작은 DNA가 있어서 이를 '미토콘드리아 DNA'라고 부른다.

깜짝 놀랄만한 예로 아이스맨의 DNA 감정이 유명하다. 1991년 오스트리아의 티롤리안 알프스 계곡에서 빙하가 녹기 시작한 얼음물 속에서 한 명의 남자 시체가 발견되었다. 키는 약 160cm로, 사망추정 연령은 46세였고, 사슴가죽으로 만든 옷, 털가죽 모자, 나무 도끼, 석기 화살촉을 갖고 있었다. 탄소 방사성동위원소 측정 결과 무려 죽은 지 5300년이 지났다는 것을 알게 되었다.

또한 유전학자인 브라이언 사익스의 〈이브와 7명의 딸들〉이라는 논픽션이 있다. 이 논픽션은 미토콘드리아 DNA는 어머니로부터 물려받는다는 특성에 착안하여 미토콘드리아 DNA 배열과 인류의 궤적을 거슬러 올라가면 현대 유럽 사람의 90%는 태곳적 옛날에 살았던 7명의 여자 중 하나를 모계 선조로 한다는 것을 설명한 작품이다. 그리고 인류는 모두 약 20만 년 전에 태어난 한 명의 아프리카 여성 '이브'의 자손이라는 것이다.

이처럼 DNA 감정은 시간의 벽을 뛰어 넘고 있다.

미토콘드리아 DNA로 뿌리를 찾는다

➡ 미토콘드리아 DNA의 특징

○ 하나의 세포 안에 하나만 있는 '핵 DNA'와는
달리 하나의 세포 안에 수백~수천 개 있을
정도로 수가 많아 채취하기 쉽다.

○ 크기가 작아 생존율이 높다(튼튼한 DNA).

○ 모두 어머니로부터만 물려받는다. 예를 들어
백골사체의 치아에서 채취한 미토콘드리아
DNA는 어머니의 DNA와 대조할 수 있다.

(44쪽 미토콘드리아 DNA 검사법 참조)

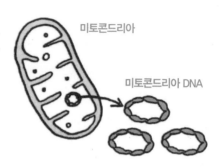

미토콘드리아

미토콘드리아 DNA

➡ 미토콘드리아 DNA로 알게 된 인류의 기원(아프리카 단일 기원설)

39

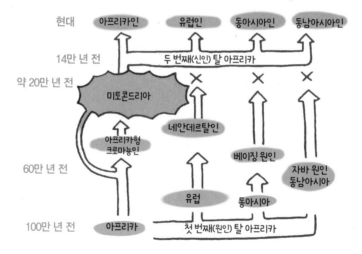

약 20만 년 전 아프리카에 있던 '미토
콘드리아 이브'라 불리는 여성이 현존
하는 인류의 가장 가까운 공통 선조라
고 한다. 그 후 현대 유럽인의 90%는
미토콘드리아 이브의 자손인 7명의 여
성을 공통 선조로 하고 있다고 하는 흥
미로운 설이다.

개의 선조는 늑대라고
하는데 난 사람과
사이가 매우 좋아!

15 DNA 감정이란?

유전자 정보를 갖지 않는 염기배열을 검사한다

DNA에는 유전정보를 갖고 있는 부분인 '엑손(Exon)'과 유전정보를 갖고 있지 않는 부분인 '인트론(Intron)'이 나란히 존재한다.

인트론에는 일정 핵산 염기배열이 여러 번 반복되는 부분이 있다. 2~6개의 염기배열을 한 단위로 반복되는 배열을 '마이크로 새틀라이트(STR=종렬형 반복배열)'라고 하며, 약 10~100개의 염기배열을 한 단위로 반복되는 배열을 '미니 새틀라이트(VNTR=고도변이 반복배열)'라고 한다. 이런 반복 횟수는 개인에 따라 차이가 있어서 DNA 감정에서는 이 차이로 개인을 식별하는 것이다. 방대한 DNA 염기 배열 중 특정 위치를 유전자자리(로커스=Locus)라고 한다. 참고로 엑손과 인트로의 비율은 1대9로, DNA는 대부분이 유전정보를 갖고 있지 않는 부분으로 되어 있다.

DNA를 감정하는 방법은 여러 가지가 있는데, 미니 새틀라이트가 반복되는 수를 분석하는 방법을 'DNA 지문법'이라고 하며 이것이 현재 DNA 감정의 기초이다. 'DNA 지문법'은 채취한 시료가 미량이거나 장시간 열악한 환경에 방치된 시료가 많은 범죄수사에는 이용할 수 없었다. 현재 전 세계에서 사용되는 것은 마이크로 새틀라이트(STR형)의 복수 유전자자리를 검사하는 '멀티플렉스 STR법'이라는 기법이다. 이 방법은 상염색체 15곳과 성염색체 1군데를 분석한다. 일본의 범죄사건에서 DNA 감정이 처음 도입된 것은 1988년 롯폰기 강간상해사건이었는데 그때는 아직 DNA 감정의 가이드라인이 책정되어 있지 않아 법정에서는 채택되지 못했다.[1]

---

1 우리나라는 1992년에 발생된 여성 피살사건에서 국립과학수사연구원에 앞서 대검찰청이 DNA 수사 기법을 처음으로 도입했다.

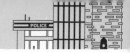

DNA 감정에서는 어디를 검사할까?

➜ 인트론을 조사한다

유전자 정보를 갖지 않는 인트론의 염기배열 반복 횟수를 체크하여 개인을 식별한다.

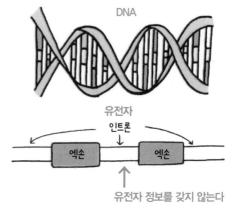

DNA

유전자

인트론

엑손　엑손

유전자 정보를 갖지 않는다

41

➜ 염색체의 STR형 검사의 유전자자리(로커스)

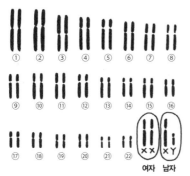

① ② ③ ④ ⑤ ⑥ ⑦ ⑧
⑨ ⑩ ⑪ ⑫ ⑬ ⑭ ⑮ ⑯
⑰ ⑱ ⑲ ⑳ ㉑ ㉒
여자　남자

*상염색체 15군데, 성염색체 1군데 합계 16군데를 조사한다.

염색체에 있는 로커스 명칭

② TPOX・D2S1338

③ D3S1358　④ FGA

⑤ D5S818・CSF1PO

⑦ D7S820　⑧ D8S1179

⑪ TH01　⑫ vWA　⑬ D13S317

⑯ D16S539　⑱ D18S51

⑲ D19S433・㉑ D21S11

X・Y AMEL(아멜로게닌형)

*○ 안 숫자는 염색체 번호

DNA 감정은 4조 7000억 명에서 단 한 명을 식별한다고 하지만 수가 너무 커서 실제로 증명할 수는 없군. 즉 그만큼 정확하다는 말이야!

16 DNA 감정은 어떻게 하는 것일까?

미량의 DNA를 PCR로 증폭시켜 감정한다

DNA 감정은 범죄현장에서 채취한 증거자료로부터 ① DNA를 추출 · 정제하고, ② DNA를 증폭시킨 후, ③ 반복 횟수를 분석한다는 3단계 공정을 거친다.

먼저 증거물에서 혈액이나 정액 등이 포함되어 있는 부분을 잘게 잘라 마이크로 튜브에 넣고 완충액을 첨가해 섞는다.

그 다음 단백질 분해 효소인 프로테아제를 첨가하여 56℃로 보온시켜 단백질을 분해한다. 그리고 여분의 단백질을 마그넷 비즈법이나 페놀·클로로포름 추출법으로 제거하여 DNA만 들어 있는 용액을 만든다. 이것으로 DNA의 추출과 정제가 끝난다. 이러한 추출, 정제, 분리 작업에는 전문 검사환경과 검사자의 경험 및 숙련된 기술이 필요하다.

범죄현장에서 채취되는 혈액이나 체액으로 DNA를 감정하는 것은 시료가 미량인 경우도 많다. 이런 경우 DNA를 입수할 수 있는 'PCR법(중합 효소 연쇄 반응법)'이라는 증폭법이 있다.

이 방법은 DNA가 변성 및 재결합할 때의 온도 차이를 이용하여 증폭시키는 방법으로 전용 시약을 넣어 가열이나 냉각함으로써 DNA를 복사한다. 이 과정을 25~40회 되풀이하면 특정 염기배열을 대량으로 증폭시킬 수 있다. PCR을 발명한 캐리 멀리스 박사(미국)는 이 공적을 인정받아 1993년에 노벨 화학상을 수상했다. 마지막으로 증폭된 DNA를 '제네틱 애널라이저'라는 장치로 분석하면 '반복 횟수'가 표시되어 감정이 끝난다.

DNA 감정하기

➔ 감정 절차

| ① DNA 추출 · 정제 | → | ② 증폭(PCR법) |

* PCR=Polymenase Chain Reaction

| ③ 반복 횟수 분석(제네틱 애널라이저) | ← |

① DNA 추출 · 정제

채취한 시료에 완충액이나 단백질 분해 효소를
넣어 보온한다.

DNA를 정제하는 장치 EZ1

② PCR법(중합 효소 연쇄 반응법)

서모사이클러(Thermocycler)라는 장치로 가열,
냉각을 반복하여 DNA를 증폭시킨다.

PCR에서 사용하는 서모사이클러

'반복 횟수'를 측정하는
이유는 사람마다
횟수가 크게 다르기
때문이야!

③ 반복 횟수 분석

제네틱 애널라이저로 반복 횟수를 읽어 들여 분
석을 한다.

DNA 감정은 어떻게 하는 것일까?

17 보조로 사용하는 DNA 검사법

미토콘드리아 DNA 검사법과 Y염색체 STR형 검사법

PCR을 사용한 STR법은 상당히 뛰어난 방법이라 이것만으로도 충분히 개인을 식별할 수 있지만 '미토콘드리아 DNA 검사법'이나 'Y염색체 STR 검사법' 등을 보조적으로 병용하면 보다 자세한 DNA 검사를 실시할 수 있다.

미토콘드리아 DNA 검사법은 미토콘드리아 안에 들어 있는 DNA를 조사하는 검사법이다. 미토콘드리아 DNA는 하나의 세포 안에 수백~수천 개 들어 있다. 원래 미토콘드리아는 세포가 활동하기 위한 에너지를 생성하는 세포 소기관으로, 특히 많은 에너지를 소비하는 근육이나 눈 등을 구성하는 세포에는 DNA(mtDNA)가 수천 개 이상 많이 존재한다.

때문에 하나밖에 없는 핵 안의 DNA와 비교하면 DNA를 채취할 수 있을 확률이 상당히 높아서 심하게 손상된 감정 시료로부터도 검출할 수 있다는 장점이 있다. 하지만 mtDNA는 어머니의 것만 자식에게 계승되기 때문에 부자 혈연 감정에는 사용할 수 없다. 또 mtDNA는 핵 안의 DNA와 비교하여 돌연변이가 일어날 확률이 5~10배 높기 때문에 감정 시에는 주의가 필요하지만 손상된 시료의 DNA나 모계 혈연 감정에는 적합하다.

한편 남자에게만 계승되는 Y염색체의 DNA를 조사하는 방법도 있다. 성염색체에는 X염색체와 Y염색체가 있어 여자는 X와 X, 남자는 X와 Y 조합을 갖고 있다.

Y염색체 상에만 있는 STR형을 조사하면 부계의 DNA를 특정할 수 있다. 성범죄와 같이 남자와 여자의 DNA가 혼재할 가능성이 있는 경우나 남자 형제의 감정에 사용된다.

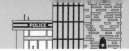

보조적으로 사용하는 DNA 검사법

➜ 미토콘드리아 DNA 검사법

미토콘드리아 DNA의 염기배열 차이를 조사하는 검사법이다. 모계로만 유전되기 때문에 보조 검사로 사용한다. DNA를 채취할 수 있는 확률이 높아 검사 시료가 미량인 경우나 손상이 심한 감정에 적합하다.

➜ Y염색체 STR형 검사법

남자에게만 유전되는 Y염색체상의 STR 반복 횟수를 조사하는 검사법이다. 동일 남계의 남자는 모두 동일한 형을 가지므로 개인 식별 능력은 높지 않지만 형제 감정이나 성범죄 수사 등에 사용된다.

미토콘드리아 DNA 유전 경로

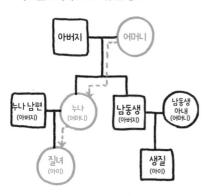

*어머니의 유전자는 점선으로 된 자손에게 계승된다.

Y염색체 유전 경로

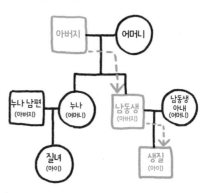

*아버지의 유전자는 점선으로 된 자손에게 계승된다.

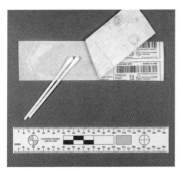

DNA 채취용 전용 면봉

DNA는 입 안쪽 볼 부분의 점막(구강 내 세포)을 면봉으로 채취해!

18 진화하는 DNA 감정

범죄도 최근에는 날로 복잡해지기 때문에 DNA 감정도 더욱 정밀하고 확실한 방법을 모색하고 있다. 여기서 주목을 받고 있는 것이 'SNP(스닙)'을 활용한 DNA 감정이다. SNP은 인간 게놈의 염기 서열 중에서 한 염기만 다른 염기로 변이된 것을 말한다. 단일염기 다형성이라고도 하는데, 복수형은 SNPs(스닙스)라고 한다.

사람이 갖고 있는 약 30억 개의 염기쌍 서열 중 SNP은 약 1000만 군데가 있고, 이중 유전영역에는 약 100만 군데 존재한다. 약 1000개의 염기에 1개 비율로 SNP이 있다는 것이다. 이 SNP의 변이나 삽입 및 결손을 밝혀냄으로써 외모나 체질 등 사람의 신체적인 특징을 알 수 있다고 한다.

하지만 SNP 감정은 한 부위에서 3종류밖에 분류할 수 없다. 그래서 여러 부위를 조사함으로써 종래의 STR법에서도 어려웠던 미량의 시료나 보존상태가 불완전한 시료에서도 DNA 감정이 가능해진 것이다.

지금 이 SNP은 의료계에서도 주목을 받고 있다. 키나 체형과 같은 외모의 차이, 당뇨병이나 비만, 고혈압과 같은 질병에 쉽게 걸리는 체질 차이에 SNP이 관여하고 있다는 연구가 속속히 보고되고 있다. 그래서 가까운 미래에 '오더메이드 의료'로 응용될 것이라 기대를 모으고 있다.

또 새로운 유전자 검사 분야에서도 SNP 해석에 'DNA 칩'을 사용하게 되었다. DNA 칩은 유리나 실리콘 기판과 같은 작은 플레이트(칩) 위에서 동시에 수만~수십만 개의 유전자를 체크할 수 있기 때문에 한 번에 대량의 SNP 해석이 가능한 뛰어난 검사 칩이다.

SNP을 DNA 감정에 활용한다

➜ SNP(단일염기 다형성)

사람이 갖고 있는 약 30억 개의 염기쌍 서열 중 약 1000개의 염기에 하나 꼴로 존재하는 염기의 변이 부위로, 이 SNP을 해명함으로서 키나 체형 등 사람의 신체적 특징을 알 수 있다고 한다. 이로써 미량의 시료나 손상된 시료로도 DNA 감정이 가능해졌다.

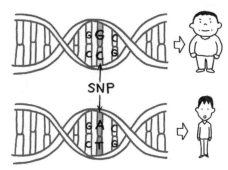

개인의 외모나 체질의 개인차에 관여한다고 한다.

➜ DNA 칩

DNA 마이크로 어레이라고도 하는 하나의 칩으로, 수만~수십만의 유전자를 체크할 수 있기 때문에 한 번에 대량의 유전자 다형(SNP) 해석이 가능하다.

DNA 칩 기술을 응용한 다형 검출 장치

SNP 칩과 판정 결과 예
출처: 일본 과학경찰연구소

일본의 DNA 감정 기술은 탑 수준! 하지만 가장 발전한 곳은 FBI래!

19 DNA는 시대를 넘어 사건의 진실을 밝힌다

아시카가 사건 등에서 생각해 보는 DNA의 함정

재판에서는 DNA 감정이 현재의 STR법이 아니라 정확도가 아직 그다지 높지 않았을 때 일어난 사건의 증거 시료를 재감정하여 사건을 밝히려고 힘쓰고 있다.

1990년 5월 도치기현 아시카가시에서 여자아이의 사체가 발견되어 이듬해인 91년 12월에 유치원 버스 운전사였던 스가야 도시카즈 씨가 체포되었다. 이것이 '아시카가' 사건이다. 사체 발견현장 주변에서 발견된 여아의 속옷에 묻은 정액의 DNA와 스가야 씨의 DNA가 일치한 것이 체포의 결정타가 되어 재판에서는 2000년에 무기징역이 확정되었다. 그런데 2009년 4월 유류물 재감정에 의해 DNA가 일치하지 않는다는 것이 판명되어 체포로부터 18년에 가까운 세월을 거쳐 스가야 씨는 석방되었다.

당시 재감정을 한 옷에는 정액 흔적이 남아있지 않아(최초의 DNA 감정에서 전량을 다 썼다) 재감정을 해도 결과가 나오지 않았다. 다른 검사 방법도 병행해야 한다고 할 수 있지만 여아의 속옷은 1년 이상이나 강 속에서 진흙투성이 상태로 발견되었고 대상 시료의 보존 상태도 문제의 한 원인이었다. 그 외에도 1966년에 일가족 4명이 방화로 사망한 '하카마다 사건'의 경우 원래 피고인인 하카마다 이와오 씨가 수사 단계에서 자백을 하여 사형판결이 내려졌다. 그러나 후에 하카마다 씨는 잘못된 판결을 주장하여 DNA 감정으로 재심이 결정되었지만 아직까지도 심리중이다.

DNA 감정이 사건의 쟁점이 된 사건으로 '도쿄전력 여직원 살해 사건'이 있다. 1997년 도쿄의 한 원룸에서 39세의 여성이 사체로 발견되어 네팔인

남성이 체포, 무기징역이 선고되었지만 DNA 감정으로 무죄가 확정되어 네 팔로 돌아갔다.

도쿄전력 여직원 살인사건의 경위

→ 사건 개요

1997년 도쿄 시부야구 마루야마쵸의 한 원룸에서 당시 도쿄전력에 근무하던 여성(당시 39세)의 사체가 발견되어 해당 원룸의 오너가 경영하는 식당의 네팔인 점장(X)을 강도살인 용의로 체포했으나 본인은 범행을 부인했다.

도쿄전력 여직원 살인사건에 남겨진 유류물

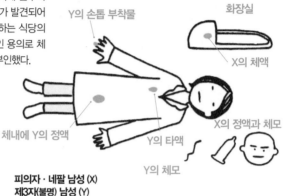

Y의 손톱 부착물

화장실

X의 체액

X의 정액과 체모

체내에 Y의 정액

Y의 타액

Y의 체모

피의자 · 네팔 남성 (X)
제3자(불명) 남성 (Y)

→ 사건의 재판 경위

제1심　2000년(무죄 판결)
유류물 등에서 X가 현장에 있었을 가능성을 부인할 수 없지만 입증이 불충분하다.

항소심　2003년(무기징역)
DNA 감정으로 현장에 남아있던 정액과 체모가 피고인 X의 것과 일치하는 등 상황 증거가 있다는 것이 이유.

재심 청구 ⇨ 개시 결정
현장에서 채취되어 아직 감정을 하지 않은 물증의 DNA 감정을 실시. 사체 안의 정액과 다른 체모가 X와 일치하지 않고 제3자의 것으로 판명됨. 피해자의 손톱에서 Y의 DNA가 검출됨.

판결　2012년
X는 무죄 *미해결사건

DNA 감정이 이렇게 증거능력으로 채택되면 검사를 신중히 해야 해!

COLUMN

두 개의 다른 유전자를 갖고 있는 '키메라'

2017년 미국 캘리포니아 주에 사는 모델이자 가수인 여성은 자신의 몸 한쪽 피부색이 다른 이유가 자신의 쌍둥이 형제의 흔적이라는 것을 DNA 감정 결과 알게 되었다. 이처럼 본래는 쌍둥이로 태어나야 할 수정란이 이른 단계에서 합체되어 버려 쌍둥이의 혈액을 만드는 세포가 다른 한쪽에 섞여 두 개의 유전자를 가지고 태어난 사람을 '키메라', 'DNA 키메라'라고 한다.

'키메라'는 두 개의 모습을 한다고 해서 그리스 신화의 괴물 키마이라에서 유래한 말로, 사자의 머리, 뱀의 꼬리, 염소의 몸통을 가지고 입에서 불을 뿜는 괴수를 말한다.

또 미국 워싱턴 주에서는 미혼 커플이 생활보호를 받기 위해 친자증명을 해야 돼서 가족 전원이 DNA 감정을 받았는데 아이 둘이 아버지와는 DNA가 일치하지만 어머니와는 일치하지 않았다. 그 후 출산에서 변호사, 검찰관, 복지국 직원을 출산에 입회시키고 갓 태어난 아기의 DNA 감식을 했지만 이번에도 일치하지 않았다. 그래서 어머니의 전신 50군데에서 DNA를 채취하여 감식한 결과 자궁에서 검출된 DNA만 아이들과 일치하여 친자관계가 증명된 사례가 있었다.

이처럼 2개의 다른 유전자를 갖고 있는 키메라라 불리는 사람은 70만 명중 한 명 꼴로 존재한다고 한다.

키메라의 어원이 된 그리스 신화에 나오는 괴수 키마이라

제 3 장

보이지 않는 범인을 쫓는
화상 감정

20 감시 카메라는 거리의 경찰관

범죄 방지와 행적 수사에 위력을 발휘한다

최신 기술인 방범감시 카메라는 성능이 급속도로 향상되어 범죄방지는 물론 범죄수사에도 적극적으로 활용되어 범인을 체포하는 실적을 올리고 있다.

2016년 일본 전국의 방범감시 카메라의 설치 대수는 약 500만 대로 추정되는데, 감시대국이라 불리는 영국에서는 추정 600만 대의 카메라가 존재하여 2005년에 있었던 런던 동시폭파 테러의 경우 범인을 찾아내는 데 일약 공헌을 했다. 일본 경시청에서는 길거리 감시 카메라 외에 사건이나 사고가 발생했을 때 신고 버튼을 누르면 인터폰으로 경찰관과 통화할 수 있는 '슈퍼 방범등'을 도로나 공원에 설치했다.

게다가 2002년 번화가 방범 대책의 일환으로 '길거리 감시 카메라 시스템'을 도입하여 신주쿠 가부키쵸 지구에 돔 카메라 44대, 고정 카메라 11대, 합계 55대를 설치하여 여기서 촬영한 영상은 신주쿠 경찰서와 경시청 본부로 보내 방범에 높은 효과를 올리고 있다. 또 시부야나 이케부쿠로 등에서도 비슷한 운용이 일어나고 있다. 경시청은 도쿄 올림픽 개최를 앞두고 최첨단 기술의 활용과 관민 파트너십 구축에 의한 테러대책을 위한 '비상 시 영상 전송 시스템'의 도입을 검토하고 있다.

이는 민간의 감시 카메라 영상을 긴급 시에 경시청으로 보내는 시스템으로, 그 시작으로 도쿄 메트로가 설치한 모든 감시 카메라 영상을 전용회선을 통해 경시청으로 보낸다. 이는 테러나 사고재해 시에 실시간으로 대처하고 정확한 상황을 파악하여 2차 피해를 방지할 목적으로 한 것으로 이미 시험 운용에 들어갔다.

감시 카메라의 현 위치

➜ 길거리 카메라 시스템

범죄가 발생할 가능성이 높은 번화가에서 범죄예방과 피해를 미연에 막기 위한 시스템. 촬영한 영상을 모니터 화면에 상시 비추고 녹화한다.

신주쿠 가부키쵸 지구

네트워크 회선망

신주쿠 경찰서

경시청 본부

돔 카메라
조명기구처럼 보여 거부감이 적다.

박스 카메라
존재감이 있어 방범효과가 크다.

출처: 일본 경시청 생활안전 카메라 센터

➜ 세계의 방범 카메라 설치 상황

☐ 영국
국민 한 사람 당 대수가 세계에서 가장 많아 '감시대국'이라 불린다. 감시 카메라 추정 대수는 600만 대이며, 약 200만 대가 런던에 있다.

☐ 미국
흉악범죄나 테러대책으로 각 주의 조직을 넘어 인터넷 회선을 통해 영상을 공유하는 시스템을 구축하였다.

☐ 중국
세계 최대 감시 카메라 네트워크를 구축하고 있다. 대부분의 카메라에 인공지능 AI가 탑재되어 얼굴 인식이나 걸음걸이 인식도 도입하고 있다. 가까운 장래에는 추정 4억 대의 카메라가 설치된다고 한다.

폴란드에서는 감시 카메라 대신 할머니들이 노려보며 소리를 지른대!

감시 카메라는 거리의 경찰관

21 선명하지 않은 감시 카메라의 화상 처리법

이미지의 근접화와 첨예화

보이지 않는 범인을 찾는 화상 감정

　　　　　　최근에는 과학수사의 주역이 이미지 분석으로 옮겨가고 있다. 그러나 감시 카메라의 성능은 천차만별이라 화질이 낮고 선명하지 않은 이미지도 있기 때문에 먼저 이미지 처리를 해야 한다.

　감시 카메라의 영상을 확대하면 모자이크 처리가 된 것처럼 '픽셀'이라는 네모 칸이 나열된 상태가 된다.

　이 상태로는 얼굴을 인식할 수 없으므로 이 칸에 '근접화 처리'를 한다.

　근접화 처리란 각 칸의 경계를 흐릿하게 해서 윤곽이나 눈코입 모양을 알 수 있게 하는 것이다. 이는 '가우스 분산 처리'라고도 한다.

　계속해서 색과 색의 경계 부분을 보다 선명하게 하기 위해 콘트라스트 조절과 감마 보정, 노출 보정 등을 하는 '첨예화 처리'를 함으로써 평평했던 이미지가 입체감이 있는 자연스러운 이미지로 바뀌어 어느 정도 사람을 판별할 수 있게 된다.

　하지만 이것만으로 개인을 식별하기는 힘들기 때문에 이미지 처리를 한 감시 카메라의 이미지와 별도로 촬영한 피의자의 사진을 대조하여 동일인물인지 아닌지를 확인할 필요가 있다(56쪽 참조).

　이렇게 간단히 설명하면 이런 처리를 간단히 할 수 있는 것처럼 느껴지지만 100종이 넘는 감시 카메라의 규격이 통일되어 있지 않고 분석 소프트웨어나 분석 방법도 그때그때 바꿔야 하므로 굉장히 힘든 작업이다.

　최종적으로 범인의 얼굴을 식별할 수 있을 때까지 이미지를 선명하게 할 수 있을지 여부는 충분한 경험과 기술을 가진 분석자의 실력에 달려있다.

감시 카메라의 이미지 처리법

➜ 근접 처리

이미지를 확대하면 모자이크와 같은 사각 픽셀 칸이 나열된다. 이 칸과 칸의 경계를 흐릿하게 해서 얼굴 윤곽이나 눈코입의 위치를 확인할 수 있도록 하는 처리이다. 가우스 분산 처리라고도 한다.

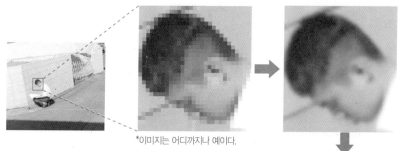

*이미지는 어디까지나 예이다.

➜ 첨예화 처리

콘트라스트 조절이나 감마 보정 등을 처리하고 색과 색의 경계 부분을 강조함으로써 이미지에 억양을 주어 입체감이 있는 자연스러운 이미지가 되어 어느 정도 사람 모양을 판별할 수 있도록 한다.

*이미지의 인물은 실제 용의자가 아님.

➜ 특수 이미지나 분석에 의한 범인 추적

○ 범인의 얼굴 이미지를 가지고 변장했을 것 같은 모습을 몇 종류 작성하여 목격자 정보를 얻는다.
○ 지워진 상처 자국을 시간이 지나면 서모그래피로 떠오르게 하여 범인을 식별한다.
○ 어렸을 때 행방불명이 된 사람이나 몇 년 동안 도망 다닌 범인의 현재 얼굴 사진을 컴퓨터의 이미지 소프트웨어로 예상한다.

본인

변장한 이미지를 작성한다

선명하지 않은 감시 카메라의 화상 처리법

22 얼굴의 특징점을 찾아내 감시 카메라와 대조

피의자의 얼굴 사진 이미지를 3D화한다

앞에서 선명하게 한 감시 카메라의 이미지가 피의자와 동일한지 아닌지는 얼굴의 차이를 식별해야 한다.

얼굴의 차이 식별은 감시 카메라의 이미지와 똑같은 각도에서 찍은 사진이 필요하기 때문에 피의자 사진을 가지고 3D 얼굴 이미지를 만들 필요가 있다.

3D 얼굴 이미지 데이터를 작성하는 데는 '얼굴의 특징점'을 이용한다. 얼굴 특징점이란 얼굴의 해부학적 특징을 말하는데, 얼굴의 구성은 안와부, 코부위, 광대뼈 부분과 같이 8군데로 분류하며, 각각에 대해 상안검(위 눈꺼풀), 콧등부와 같이 세분화된다.

사람 얼굴에는 특징점이 256군데 있다. 이런 특징점을 삼각측량 방식으로 계측하여 위치관계를 파악하고 얼굴의 3D 이미지를 만든다.

완성된 3D 이미지와 선명화한 감시 카메라의 영상을 겹쳐 각각의 얼굴 특징점이 모순되지 않고 맞는지를 검증한다. 각 특징점의 좌표가 일치하고 통계학적으로 동일 인물이라고 판정할 수 있는지 오차를 포함하여 분석하여 모순점이 발견되지 않았을 때 처음으로 두 사람이 동일인물이라고 인정하는 것이다.

또 얼굴의 골격에 기초하는 특징점은 성형수술로는 바꿀 수 없기 때문에 성형이나 체형변화는 통용되지 않는다.

영국인 여성을 살해하고 성형을 거듭하면서 도주해 온 이시바시 다쓰야 수감자, 둥근 얼굴형에서 살을 빼 가느다란 얼굴형으로 바뀐 옴진리교의 기쿠치 나오코 등 수배사진과 체포시의 인상이 크게 바뀐 예도 적지 않지만 외

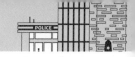

모가 아무리 표면적으로 바뀌어도 특징점을 이용한 얼굴 사진으로 분석하면 차이 식별이 가능하다.

얼굴의 해부학적 특징점과 3D화

➜ 얼굴의 해부학적 특징점

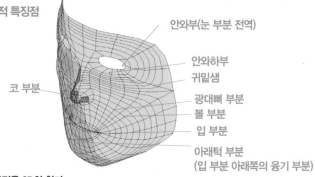

안와부(눈 부분 전역)

안와하부
귀밑샘
광대뼈 부분
볼 부분
입 부분
아래턱 부분
(입 부분 아래쪽의 융기 부분)

코 부분

□ 피의자의 얼굴 사진을 3D화 한다

코 정점 등 결정된 윤곽부의 특징점을 시점으로 하여 삼각 측량 방식으로 계속해서 다른 특징점과의 위치 관계를 파악하여 3D 이미지를 만든다.

*사진은 이미지이다.

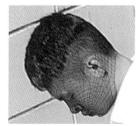
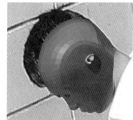

□ 3차원 얼굴 이미지 식별 시스템

피의자의 3D 이미지 데이터를 감시 카메라의 피의자 이미지와 똑같은 크기, 똑같은 각도에서 얼굴의 형태를 분석하는 시스템. 정밀도가 높아 개인을 식별할 수 있다.

출처: 일본 과학경찰연구소 https://www.nap.go.jp/

사람의 눈과 눈 사이의 거리, 좌우 눈과 코 사이의 거리는 성형을 해도 바뀌지 않아!

2D 카메라 이미지와 3D 이미지를 겹친다

23 골격은 바꿀 수 없다?

골격의 3D화, 역연산투영법으로 피의자와 대조

TV에서 자주 '범인의 키는 170센티미터 전후'와 같이 보도하는데, 일상생활에서 사람은 앉거나 작업을 하거나, 걷는 등의 동작을 하기 때문에 측정한 키와 똑같은 높이를 유지할 기회가 그다지 많지 않다.

설령 키가 똑같아도 사람은 지방이나 근육량에 따라 겉으로 보이는 인상이 크게 바뀌므로 목격자 정보는 신중히 잘 검토해야 한다. 겉보기 오차를 10% 정도로 설정하면 일본인 남성의 80%가 이 신장 분포에 들어가므로 피의자를 특정할 정보로는 그다지 의미가 없다고 할 수 있다.

하지만 골격은 바꿀 수가 없다. 그래서 골격 3D 모델을 만들어 대조하면 피의자가 감시 카메라 속 이미지의 인물(범인)인지 아닌지를 판단할 수 있는 상당히 귀중한 정보가 된다.

실제 이미지에서 측정하여 얻을 수 있는 데이터를 바탕으로 3D 모델을 만들고 가상공간 안에서 이미지와 똑같은 자세나 포즈를 만들어 그것을 감시 카메라의 이미지와 겹쳐 동일한지 아닌지를 검증하는 방법이다. 이 방법을 '역연산투영법'이라고 한다.

골격의 경우 특징점은 관절의 위치, 관절과 관절 사이의 거리, 정확히 말하면 각 관절간 거리의 구성비, 즉 전신의 밸런스다. 피의자의 전신을 촬영한 이미지에 두개골이나 목, 어깨 등에 특징점을 찍고, 각 관절의 위치를 파악하면서 가상의 골격을 만들어 낸다.

얼굴의 경우와 마찬가지로 거리를 알고 있는 두 지점으로부터 목표 방향의 각도를 측정하고 높이를 산출하는 삼각측량법으로 만들어 간다.

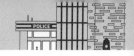

역연산투영법을 사용한 골격의 3D화

□ 역연산투영법의 흐름

① 피의자의 전신사진을 촬영한다.

② 두개골, 목, 어깨 등에 특징점을 찍으면서 주위를 넓혀간다.

③ 각 관절의 위치와 관절간의 거리를 포함하여 두부에서 상반신, 하반신으로 가상골격을 만들어 간다.

④ 전신의 골격이 떠오르면 골격에 색을 입힌다.

⑤ 골격도가 완성되면 대조하고 싶은 감시 카메라 이미지와 동일한 포즈를 취해 겹쳐서 대조한다. 어긋남이 거의 없이 겹쳐지면 피의자의 키를 추정할 수 있다.

 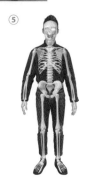

*이미지에 등장하는 인물은 실제 피의자가 아니다. 사진은 어디까지나 이미지이다.

59

골격은 바꿀 수 없다!?

□ 삼각측량법의 원리

거리를 알고 있는 두 지점에서 목표방향의 각도 B를 측정하고 삼각함수를 사용하여 거리 Y를 계산하는 방법.

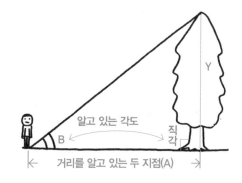

알고 있는 각도

B

직각

거리를 알고 있는 두 지점(A)

24 기술혁신이 뛰어난 얼굴 인증 시스템

얼굴 인식 시스템은 감시 카메라뿐만 아니라 현재 대부분의 사람이 갖고 있는 스마트폰, 휴대전화, 노트북 등에 카메라가 탑재되어 있을 정도로 일반화되었다. '얼굴 인식'과 '얼굴 인증'은 비슷하지만 엄밀히 말하면 구분해야 한다.

얼굴 인식은 디지털 카메라처럼 이미지에서 사람의 얼굴을 검출하여 성별, 표정 등을 식별하는 시스템으로, 감시 카메라나 스마트폰 등에도 사용되고 있다. 윤곽과 눈코입과 같은 얼굴 부위의 위치관계로부터 얼굴을 식별한다. 최근에는 동시에 많은 얼굴을 식별하여 특정 개인의 얼굴을 식별한 상태에서 카메라로 추적하는 일도 가능하다.

얼굴 인증은 촬영한 얼굴 사진이나 카메라 이미지를 바탕으로 사전에 등록한 얼굴 이미지 데이터와 대조하여 등록한 본인인지 아닌지를 확인하는 시스템이다. 얼굴 인증은 얼굴 인식보다 한 발 더 발전한 시스템이다. 현재 얼굴 인증 시스템은 범죄수사 외에 건물이나 방의 입퇴실, 게이트 통행, 티켓 전매방지 등에서 본인 확인 목적으로 이용되는 경우가 많아졌다.

2017년 10월에 하네다 공항 국제선 터미널에 출입국 절차를 위한 얼굴 인증 게이트가 설치되었다. 여권에서 읽어 들인 얼굴 사진과 그 자리에서 촬영한 여행객의 얼굴 이미지를 대조하는 구조다. 얼굴의 특징점을 이용한 시스템으로 모자나 마스크를 쓰고 있는 경우는 여권에 기록된 얼굴과 대조할 수 없으므로 통과하지 못한다. 지금까지는 심사관이 한 명씩 얼굴을 확인했지만 한 심사관이 여러 게이트를 동시에 체크할 수 있으므로 시간 단축과 테러대책 강화에 공헌하는 시스템이다.

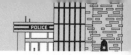

퍼져가는 얼굴 인증 시스템의 실용화

➡ 얼굴 인식(FACE RECOGNITION)

검출된 사람의 얼굴로부터 성별, 연령, 표정 등을 식별한다.

➡ 얼굴 인증(FACE AUTHENTICATION)

검출한 얼굴 이미지 데이터를 사전에 등록된 데이터와 대조한다. 범죄수사나 게이트의 통행, 티켓 전매 방지 등에 이용된다.

➡ 국제공항터미널의 얼굴 인증 시스템

*현재는 국내의 많은 국제선 터미널에 설치되어 있다.

② 반 거울 화면에 얼굴을 향하게 하고 얼굴 사진을 촬영한다.

① IC칩이 내장된 여권을 스캐너에 갖다 대어 이미지 데이터를 읽어 들인다.

③ IC칩에 기록된 사진과 촬영한 이미지를 대조한다.

④ 심사관이 동일인물이라고 확인하면 게이트가 열리고 심사가 끝난다.

우리도 공항에서 '마약탐지견'이나 '검역탐지견'으로 활약하고 있어!

POLICE

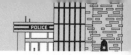

61

기술혁신이 뛰어난 얼굴 인증 시스템

25 도주차량을 화상시스템으로 가려낸다

차량의 3D화로 차종을 알아낸다

자동차는 뺑소니나 유괴 등 다양한 범행에 사용된다. 범행차량도 화상분석을 통해 차종을 알아내면 사건 해결의 중요한 실마리가 된다.

빠른 속도로 도주하는 차량이 도로에 설치된 감시 카메라에 찍혀도 화질이 좋지 않고, 너무 빠르면 탑승자나 번호판을 구분하는 일이 거의 불가능하다.

하지만 화상분석을 하면 차량을 알아낼 수 있다. 먼저 이미지의 근접화, 첨예화를 하여 보디라인을 그리고 동시에 차종을 가려낸다. 전국적으로 규격이 통일되어 있는 횡단보도나 가드레일, 맨홀 등 크기의 지표가 될 만한 물체가 찍혀 있으면 그와 비교 대조하여 차량의 크기를 알아낼 수 있다.

그 다음 전조등 또는 미등의 모양이나 지붕의 모양 등을 사람 얼굴의 특징점을 연결해 가는 방법과 똑같은 요령으로 각각을 잘 이어 나가면 보디라인의 모양이 조금씩 분명해진다. 전체 그림을 3D화하여 국토교통성의 차량 데이터베이스와 대조하면 상당히 높은 정밀도로 차량을 알아낼 수 있다.

자동차는 개인차가 큰 사람 얼굴과는 달리 모양의 패턴이 한정되어 있기 때문에 인물을 찾아내는 것보다 비교적 쉽게 차종을 알아낼 수 있다.

또 전국의 주요도로에는 1600 군데 이상 자동차 번호 자동식별 장치(N 시스템)가 설치되어 있어서 통과한 모든 차의 번호를 자동으로 읽어 들여 기록하고, 범죄에 사용되었을 가능성이 있는 차나 도난차량을 찾는 데 활용되고 있다.

① 감시 카메라에 찍힌 도주 차량. 이미지가 거칠어 차종을 식별할 수 없다.

② 이미지의 근접화, 첨예화를 한 후 보디사이즈를 알아낸다. 전국적으로 규격이 통일되어 있는 물체가 찍혀 있다면 그것과 비교한다.

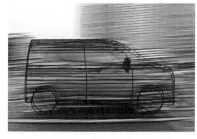

③ 차량의 특징점(전조등. 미등 등)을 연결하여 보디라인을 분명히 한다.

*사진은 이미지이다.

④ 차량의 3D 이미지를 완성시키고 차량 데이터베이스와 대조하여 차종을 알아낸다.

➡ 도주차량을 단속하는 화상시스템

☐ N시스템(자동차 번호 자동 인식 장치)
전국의 주요 국도나 고속도로에 약 1600 군데 설치되어 있는 도주 중인 차량의 번호를 읽어 들이는 시스템.

☐ 오비스(속도위반 자동 단속 장치)
도로를 주행하는 차의 속도위반을 자동으로 기록하여 단속하는 스피드 측정 장치. 오비스란 라틴어로 '눈'이라는 뜻이다.

고속도로에 설치된 N 시스템 카메라

☐ 프레슬리(저해상도 번호 추정 프로그램)
오이타현 경찰이 개발. 방범 카메라에 찍힌 번호판은 읽어 들이기 힘들다. 그래서 숫자 부분의 픽셀 패턴에서 몇 개의 번호 후보를 추정하고 범위를 좁혀 수사할 수 있도록 했다.
번호판의 번호를 추정하는 분석 프로그램.

신기술과 융합하는 감시 카메라

감시 카메라는 수가 늘어날 뿐만 아니라 앞으로 더욱 다양해져 갈 것이다.

예를 들어 '달리는 감시 카메라'라 불리는 블랙박스는 이미 보복운전 등에 의한 사고해명을 위해 일반승용차에 많이 설치되고 있으며, 재판의 증거로도 인정받고 있다. 또 카메라를 탑재하고 시설 안을 순회하는 경비 로봇이나 하늘의 산업혁명이라 불리는 드론에 감시 카메라를 탑재시킨 '하늘을 나는 감시 카메라'도 등장했다.

또한 얼굴 인증 시스템은 인공지능(AI)과 융합하여 더욱 발전하고 있어 슈퍼마켓의 좀도둑 대책 카메라나 수상한 행동을 반복하는 인물이나 걸음걸이의 특징, 근육의 경미한 흔들림까지 포착하고 있다.

더욱이 기린 베버리지는 도쿄 아다치구의 니시아라이 경찰서와 연계하여 '지킴 자동판매기'라는 소형 카메라를 탑재한 자동판매기를 2018년 여름부터 설치하고 있다.

소형카메라를 자판기 전면에 진열된 상품 샘플 안에 설치하고 가령 주변에서 범죄가 발생한 경우는 기록된 영상을 경찰서에 제공하여 수사 활동에 활용하도록 하는 것이다.

아사히음료도 IoT(Internet of Things) 기술을 활용하여 자판기의 지킴 서비스 시범실험을 스미다구에서 시작했다.

**드론에 감시 카메라를 탑재
'하늘을 나는 감시 카메라'**

제4장

미세한 유류물로부터
사건을 밝히는 성분 감정

26 보이지 않는 유류물을 밝히는 과학수사용 'ALS'

지문, 혈흔, 발자국, 모든 흔적을 가시화한다

앞에서 육안으로는 보이지 않는 유류지문을 잠재지문이라고 했다. 이런 지문은 다양한 검출방법으로 채취하는데, 그렇다면 왜 보이지 않는 잠재지문이 거기에 있다고 아는 것일까?

그 이유는 파장 가변광원 'ALS(Alternative Light Sources)'라는 빛을 사용해서 보이지 않는 잠재지문을 보이게 하기 때문이다.

ALS는 가시광선, 적외선, 자외선과 같은 특정 파장의 빛을 쪼여 눈에는 보이지 않는 증거를 가시화하는 과학수사용 장비이다.

일부 물질은 어떤 일정한 파장의 빛을 흡수하여 다른 파장으로 발광하는 성질을 갖고 있다. 이것을 '루미네선스(Luminescence)'라고 한다. 루미네선스는 물질이 전자파나 열, 마찰 등으로 인해 에너지를 받고 그 에너지를 특정 파장의 빛으로 방출하는 발광현상을 말한다.

이러한 빛의 특성을 응용하여 흔적에 따라 구분한 파장의 빛을 쪼이고 그와 동시에 고글을 사용하여 쓸 데 없는 파장의 빛을 차단한다. 그러면 눈에는 보이지 않았던 것이 보이게 된다. 단, 태양광이나 형광등과 같은 백색광에 비치면 잘 보이지 않기 때문에 주위를 어둡게 한 후 작업을 한다.

1970년 빛을 과학수사에 응용하여 실용화에 성공한 것은 캐나다 경찰이었다. 당시는 거대한 수사 설비와 막대한 수사 비용 때문에 현장에서는 사용할 수 없었다.

하지만 현재는 소형이지만 강력한 휴대용 ALS가 개발되어 사건 현장에서 광학검사가 가능하게 되었다.

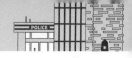

ALS로 무엇이 보일까?

➔ ALS 빛의 색과 특징

ALS는 가시광, 적외선, 자외선과 같은 특정 파장의 빛을 쪼여 눈에는 보이지 않는 다양한 증거를 가시화하는 시스템이다.

흰색: 일반적인 플래시 라이트
빨간색: 긴 파장이므로 물질에 대한 투과율이 높음
주황색: 일반적으로 많이 사용하지 않음
녹색: 왼쪽은 노란색이 강하고 오른쪽은 노란색이 옅은 황녹색
파란색: 왼쪽은 파랑, 오른쪽은 약간 보라색 기가 있는 남색
보라색: 폭넓게 대응

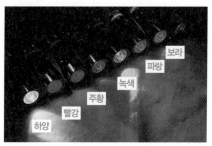

➔ ALS의 파장(nm · 나노미터)과 보이는 것

가시광선이라 불리는 전자파 파장의 아래 경계는 360~400(nm), 그보다 짧은 것을 자외선, 위 경계는 760~830(nm), 이보다 긴 것을 적외선이라 부른다.

ALS 파장 nm	사용 대상
385 · 보라	타박흔, 멍, 혈액, 정액, 타액, 소변, 모발, 섬유, 발자국, 고문서 등
455 · 남색	혈액, 정액, 타액, 소변, 뼛조각, 발자국
470 · 파랑	도료, 발자국, 위조 여권
505 · 녹색	지문, 발자국
530 · 황녹	지문, 섬유
590 · 노랑	형광섬유, 유리
625 · 주황	모발, 섬유, 연소 흔적
850 · 빨강	위조지폐

고글과 라이트를 사용해 빛의 색을 바꾸면 마법처럼 순식간에 흔적이 떠올라!

27 혈흔으로 추정할 수 있는 범행의 진실

루미놀 반응이나 혈흔의 모양을 조사한다

범행현장이나 사고현장에 있는 혈흔은 먼저 외관을 수사관이 눈으로 검사한다. 범행상황이나 사고상황을 추정하는 가장 중요한 증거가 된다. 혈흔은 설령 사체가 없어도 거기서 유혈 사태가 있었다는 것을 알려주고 혈흔의 모양, 출혈량 등으로부터 살해방법, 범행시간, 흉기의 종류에 이르기까지 다양한 현장상황을 알 수 있게 해준다.

그중에서도 혈흔의 모양 관찰은 매우 중요하다. 혈흔은 뿌려질 때나 낙하과정에서 모양을 바꾸기 때문에 모양이나 뿌려진 방향을 추정하여 범인의 움직임이나 범행상황 등과 같은 정보를 얻을 수 있다. 혈흔 부착에도 일정한 법칙이 있어서 거기서도 출혈이 일어난 피의자의 위치나 현장상황을 추측할 수 있다. 따라서 혈흔처럼 보이는 것을 발견하면 우선 먼저 혈흔감정에서 가장 중요한 외관검사(모양검사)와 주변 관찰을 신중하게 실시한다.

육안으로 혈흔이 의심되더라도 진짜 혈흔인지 아닌지를 식별할 수 없는 경우가 있으므로 사전검사와 본 검사 2단계로 나눠 검사하여 현장에 남아 있는 것이 혈흔인지 아닌지를 확인한다.

사전검사는 육안으로 판별이 가능한 것은 루코말라카이트 그린이라는 시약과 과산화수소수 혼합액을 떨어뜨려 혈흔이라면 청녹색으로 변색한다.

육안으로 판별할 수 없는 것은 '루미놀' 시약을 사용한다. 루미놀은 혈액에 닿으면 혈액 속의 헤모글로빈과 반응하여 청백색의 형광색으로 발광하므로 잠재혈흔이 존재하는지 아닌지를 판별할 수 있다.

본 검사에서는 다시 혈액이 틀림없는지를 확인하기 위해 '헤모크로모겐 결정법'이나 '혈구검사' 등으로 확인한다.

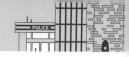

혈흔으로 추측하는 범행 상황

➡ 루미놀 반응으로 조사한다

혈흔의 색은 신선할 때는 붉은색이지만 시간이 경과함에 따라 갈색·노란색으로 변한다. 그래서 범행 현장에 혈흔으로 보이는 것이 있어도 육안으로는 그것이 혈흔인지 아닌지 판단할 수 없다. 그럴 때 사용하는 것이 루미놀이다. 루미놀 시약을 사용하면 혈액 속의 헤모글로빈에 포함된 헴(철)이 반응하여 어두운 곳에서 청백색 형광 반응을 보인다.

천의 큰 얼룩은 뭐지?

루미놀 반응에 양성 반응!

➡ 혈흔의 형태로 범행 상황을 추측한다

① 수직으로 낙하한 적하흔 모양.
② 조금 높은 곳에서 떨어진 혈흔으로 모양이 흐트러지기 쉽다.
③ 콘크리트와 같이 딱딱하고 울퉁불퉁한 부분에 떨어진 혈흔.
④ 흉기에 맺혀 떨어진 피나 별로 움직이지 않는 피해자의 상처에서 떨어진 혈흔.
⑤ 배트나 봉 등으로 맞아 튀어 뿌려진 혈흔.
⑥ 총을 맞았을 때 등에 튀어 뿌려진 비말흔.

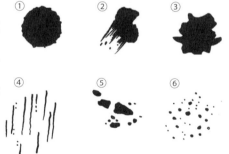

사람의 피와 동물의 피를 구분할 때는 혈청을 사용하여 판정하는 것이 일반적이래!

28 체액으로 범인을 가려낸다

혈흔, 정액, 타액, 소변 등을 검사

현장의 혈흔이 사람의 혈액이라면 피의자를 좁히기 위해 혈액 판정을 하는 경우가 있다.

혈액형 분류는 적혈구막에 포함된 항원의 모양으로 4종류로 나누는 'ABO식'이 많이 알려져 있다. 이 외에도 혈청 단백형, 적혈구 효소형, 타액 단백형 등 많은 형이 있다.

범죄수사에서 하는 혈액형 검사에서는 먼저 ABO식 검사를 하고 그 다음 Rh식(2종류), Rh-(마이너스) Hr식(18종류), MN식(9종류), P식(2종류) 등으로 세분화된 혈액형도 조사하는데, ABO식만으로는 개인을 식별할 수 없어도 이런 것들을 병행하여 확률적으로 수 천 명에서 한 명으로 좁힐 수 있다.

하지만 실제로는 시료가 오래되거나 양이 적은 등 ABO식 혈액형밖에 모르는 경우가 많으며, 개인 식별이 가능한 레벨까지 검사할 수 있는 경우는 적다. 그래서 오래되고 소량의 혈흔으로도 혈구세포를 사용하여 개인 식별이 가능한 DNA 감정이 효과를 발휘한다. 또 혈흔 감정은 피의자나 피해자에게서 채취한 혈액이나 사체의 심장에 남아 있는 혈액 등도 감정 대상이 된다. 더욱이 혈흔 외에도 피해자의 의류에는 타액, 소변, 땀과 같이 사람에게서 나오는 액상 성분(체액)이 남아 있는 경우가 있다. 이런 성분의 대부분은 건조되어 '체액 반흔'이라는 얼룩으로 남는다.

체액 반흔도 혈흔과 마찬가지로 포함되어 있는 효소 등과 화학반응을 이용하여 판정할 수 있는데, 그와 함께 혈액형 감정이나 DNA 감정을 병행할 수도 있다.

성범죄 등에서는 정액 감정이 이루어지며 타액은 담배꽁초, 우표, 봉투, 음식물을 씹은 흔적, 몸에 남은 물린 흔적 등에서도 채취하여 감정한다.

체액을 검출한다

소변

혈액이나 세포조각이 섞여 있을 가능성이 있다. 사정 직후의 경우 정액이 섞여 있을 가능성이 있다. 부착된 것이 말라버린 경우는 스며든 소재의 일부를 잘라 보관한다.

땀

땀과 함께 때나 모근, 피부 조각이 있으면 DNA 감정이 가능한 경우가 있다.

타액

타액 속에 구강 세포가 포함되어 있으면 DNA 감정이 가능하다. 담배꽁초, 우표, 음식물을 베어 문 흔적에서도 채취할 수 있다.

정액

정액은 의류 등에 부착되면 담황색을 띤 회색 흔적으로 남으므로 외관 검사를 한다. 그 다음 ALS를 쬐면 특유의 형광이 관찰된다. 증거 샘플을 채취했으면 산성 포스파타제를 사용한 발색 반응 검사를 한다.

혈흔

루미놀이나 루코말라카이트 그린을 사용하여 혈흔 검사를 실시한다. ABO식, Rh-Hr 등 여러 혈액형 검사를 병행하여 개인을 식별한다.

자외선을 사용한 정액 검사

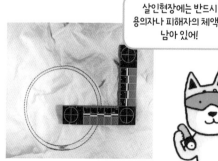

에어백에 묻은 혈흔

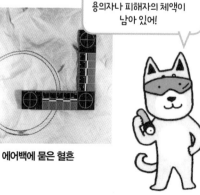

살인현장에는 반드시 용의자나 피해자의 체액이 남아 있어!

체액으로 범인을 가려낸다

29 한 올의 털로부터도 개인 식별이 가능하다

머리카락의 모양이나 굵기, 색조로 범인을 좁힌다

범행 현장에는 상당히 높은 확률로 범인의 모발이 남아 있다. 지문이나 혈흔에는 주의를 기울여도 모르는 사이에 빠지는 모발까지는 범인도 신경을 못 쓰기 때문이다.

모발은 육안으로는 가늘고 검은 실처럼 보이지만 현장과 피의자, 피의자와 피해자의 직접적인 접촉을 말해주는 것 외에 범인의 생활 모습이나 육체적인 특징, 범행 현장의 상황 등을 가르쳐 주는 중요한 증거이다.

머리카락은 표면에 '큐티클'이라는 모표피, 멜라닌 색소를 포함하여 대부분을 차지하는 중간의 모피질, 중심 부분의 모수질이라는 3층으로 되어 있다. 모수질은 공기를 품은 스펀지처럼 되어 있다.

먼저 털이라는 것을 분명히 알게 되면 모발인수 감정으로 사람의 털인지 아닌지를 판별하고, 형태학적 검사, 혈액형 검사, 약물 검사 등을 실시하여 종합적으로 식별해 간다.

'형태학적 검사'에서는 털의 굵기나 색조, 모수질이나 모근의 형태 등 개인이 갖고 있는 특징이나 털끝의 모양, 모표피의 손상 정도, 펌이나 염색 유무 등 생활 상황을 반영하는 특징을 명확히 한다.

또 어느 부위의 털인지, 뽑은 털인지 빠진 털인지, 사후에 빠졌는지 그렇지 않은지 등을 검사한다.

혈액형 검사는 3~4cm 정도 길이의 모발을 씻은 후 짓이겨서 모발의 내부 조직을 노출시키고 3종류의 시험관에 나눠 담아 항A, 항B, 항H 혈청을 넣어 그 응집반응으로 판정을 한다.

뽑은 털처럼 모근(모근초)에 근초세포가 붙어 있으면 DNA 감정을 할 수
있으므로 개인 식별이 가능하다.

모발 검사로 알 수 있는 것

➜ 모발의 구조를 알자

모표피(큐티클)

머리카락 표면에 있는
보호막과 같은 것. 표
면의 비늘 모양을 보
면 사람과 동물의 차
이를 알 수 있다.

모수질

머리카락의 중심조직. 가는 털에는 없는 경우
도 많다. 모수질도 개인차가 많은 부분이다.

피질층

머리카락 내부를 형성한다.
전체의 90%를 차지한다.

모간

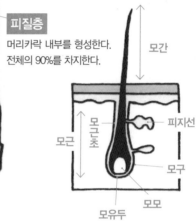

모근

모근초

피지선

모구

모모

모유두

비늘 모양

사람과 동물의 모양이 다르다.

비늘 모양 검사로 사람과 동물을 식별한다.
동물의 종류까지 알 수 있다.

모수질 유무, 모양의 관찰

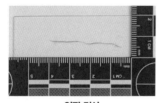

외관 검사

모간의 모수질

➜ 그 외 모발 감정

□ 형태학적 검사

· 털의 굵기, 색조   어떤 부위의 털인지를 판단
· 뽑은 털인지 빠진 털인지   모근이 붙어 있으면 뽑은 털. 싸움이 있었는지 범행상황을 추측한다.
· 펌과 염색   털의 횡단면을 관찰한다. 개인 특정에 기여한다.

□ **약물 검사** 각성제나 마약 사용 여부를 알 수 있다.
□ **DNA 검사** 모발의 DNA를 과거의 범죄자와 대조한다.

30 섬유 분석으로 범인의 인물상을 쫓는다!

현미경 검사로 섬유의 종류를 특정

아무리 교묘한 범죄라도 옷의 섬유는 대부분의 경우 의식하지 못한 채 조금씩 빠져 떨어진다. 바닥의 솜먼지는 그렇게 빠진 섬유가 뭉쳐진 것이다. 특히 사건 현장에서 범인과 피해자 사이에 물리적인 접촉이 있었던 경우는 서로의 옷에 부착되는 경우도 자주 있다.

사체의 목에 붙어 있는 섬유로부터 교살에 사용된 끈을 식별하거나 소파에 부착된 섬유로부터 거기에 앉은 사람을 식별하는 등 섬유가 사건해결에 도움이 되는 예가 많다.

섬유 감정에서는 '형태학적 검사', '분광 분석', '염료 및 안료 분석'을 한다. 형태학적 검사는 현미경(확대율 100배 정도)으로 섬유의 모양을 조사하는데, 식물성 천연 섬유는 독특한 모양을 갖고 있어서 어느 정도 섬유의 종류를 판별할 수 있다.

분광 분석은 섬유에 빛을 쪼여 어떤 파장의 빛을 어느 정도 흡수하는지를 측정하고 재질을 판별한다. 특히 '라만 분광 분석'은 합성섬유의 단섬유(Mono Filament) 식별에 종래보다 많은 정보를 얻을 수 있다.

염료 및 안료 분석은 한 올의 섬유에서 염료·안료를 추출·분리하여 광학현미경으로 외관을 관찰한다. 염료로 염색한 섬유는 섬유 내부가 물들어 있는 데 비해 안료로 염색한 것은 표면에 안료가 부착되어 있을 뿐 내부는 염색되어 있지 않다.

채취한 천, 실, 단사, 단섬유는 피의자의 옷과 일치하는지 아닌지를 식별하는 것이 주된 목적이다.

천의 경우 직물이 편물인지, 직물이라면 그 종류는 무엇인지, 천연섬유인

제4장

74

미세한 유류물로부터 사건을 밝히는 성분 감정

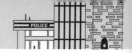

지 화학섬유인지, 배색이나 염료는 어떤지를 감정하여 범인의 의복과 대조한다.

섬유는 상상 이상으로 사건에 대해 많은 것을 말해준다.

섬유의 분류와 종류

천연섬유

| 식물섬유 | (면, 마) |
| 동물섬유 | (양모, 견, 오리털) |

화학섬유

재생섬유	(레이온, 큐플라)
반합성섬유	(아세테이트, 프로믹스)
합성섬유	(나일론, 폴리에스터, 아크릴) (폴리우레탄 외)
무기섬유	(유리, 탄소, 금속섬유)

➔ 현미경으로 확대한 천연섬유의 모양

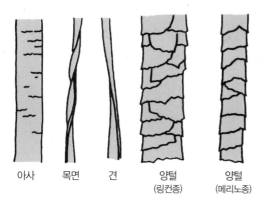

아사　　목면　　견　　양털 (링컨종)　　양털 (메리노종)

천연섬유는 사람 모발의 비늘 모양과 비슷한 모양이 있어서 쉽게 구별할 수 있어!

31 발자국 감정은 최신 과학수사법으로 진화했다

범인의 움직임으로부터 성별, 직업까지 추측한다

예전부터 발자국은 중요한 증거로 다뤄져 왔지만 화상분석이 발달하여 예전에는 생각할 수 없는 정밀도로 진실을 뒷받침하는 최신 과학수사기법이 되었다.

발자국은 흙뿐만 아니라 진흙이나 먼지가 있으면 콘크리트 위에도 남는다. 또 맨발이나 양말도 발자국이 남으며 다다미나 융단 위의 눈에 보이지 않는 발자국도 여러 방법으로 채취할 수 있다.

흙이나 모래, 눈 등 부드러운 토사에 남는 발자국은 '입체 발자국'이라고 하여 신발 밑창의 형태를 뚜렷하게 확인할 수 있기 때문에 유력한 증거가 되는 발자국이다. 발자국에 석고를 부어 굳혀서 채취한다.

아스팔트나 타일, 방바닥에 남는 프린트된 것 같은 발자국은 '평면 발자국'이라고 하는데, 지문 채취와 마찬가지로 젤라틴 종이 등에 전사하여 채취한다.

눈에 보이지 않는 맨발의 평면 발자국은 '잠재 발자국'이라고 하는데 ALS로 찾아낸 후 지문 채취에도 사용하는 시아노아클레이트나 형광 분말 등을 사용하여 채취한다.

발자국 감정에서 중요한 것은 채취한 발자국을 분석해서 범인의 수, 어디로 침입했는지 침입 경로, 침입 방법, 물색한 장소, 도주로, 도주방법 등 범인의 움직임을 밝혀내는 것이다.

더욱이 신발 밑창의 형태나 상황으로 범인의 신장이나 신체적인 특징, 성별, 직업, 걸음걸이 등을 추측할 수도 있다.

발자국에는 미세한 성분이 부착되어 범행 전의 행동이나 생활환경까지

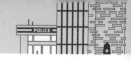

추측할 수 있다. 발자국으로 신발의 제조업체를 알아내고 제조판매 시기나 유통 경로를 조회한다.

발자국 채취부터 감정까지

➔ 발자국의 주요 채취 방법

채취 방법	내용
사진 촬영법	ALS로 적외선이나 자외선을 쬔다.
석고법	발자국에 석고를 붓는다.
젤라틴 전사법	젤라틴 종이에 전사한다.
정전기법	마루나 이불, 카펫에서 채취한다.
DIP법	시약을 사용한다. 천이나 종이류에 효과적이다.
티아시온법	철분에 반응하는 시약법
3D 스캔법	슈퍼임포즈법으로 분석

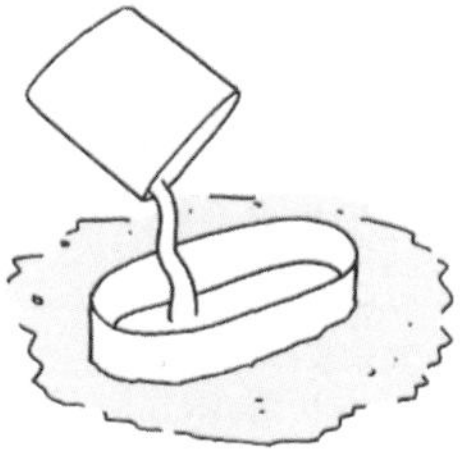
석고법

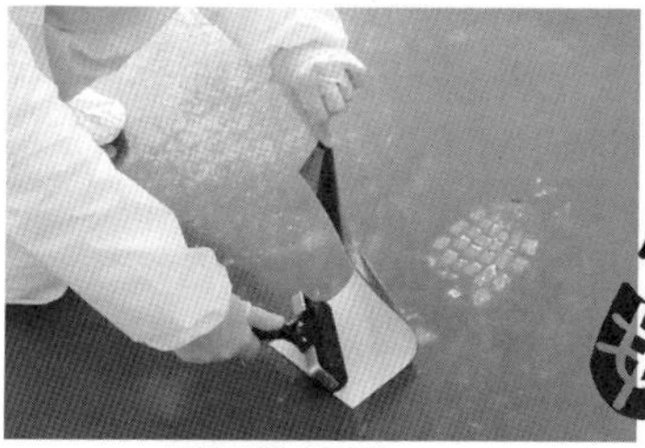
티아시온 전사법

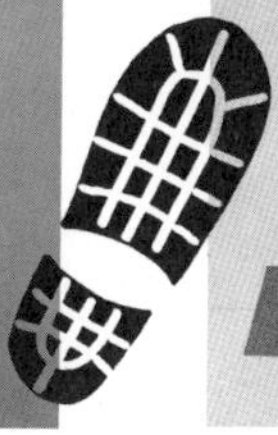

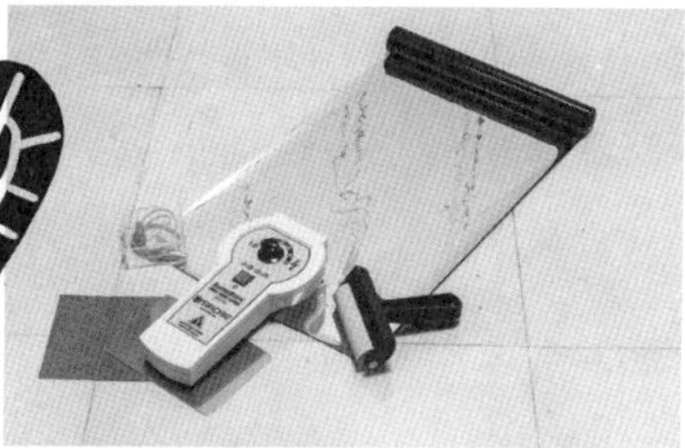
정전기 발자국 미물 채취 세트
(1970년 일본 경시청이 개발)

➔ 발자국으로 알 수 있는 것

□ 범행 상황

범인 수, 범인의 행동(침입 경로, 물색한 장소, 도주로, 도주 방향)

□ 범인상

키, 성별, 걸음걸이, 범행 전 행동, 생활환경

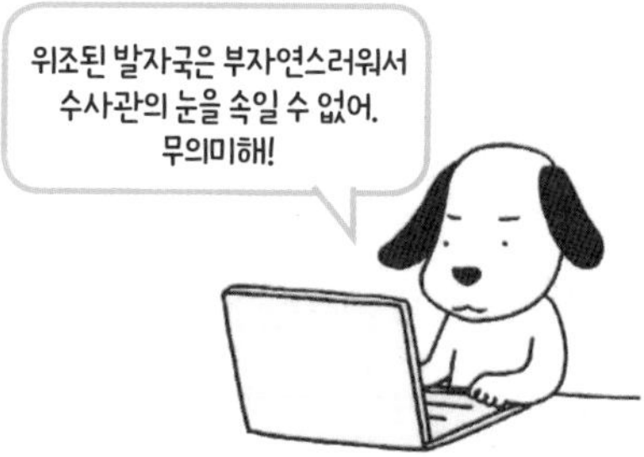
위조된 발자국은 부자연스러워서
수사관의 눈을 속일 수 없어.
무의미해!

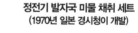

32 토사와 식물로부터 범인을 알아낸다

매우 다양한 일본의 토사 분포가 도움이 된다

토사로 범인을 특정할 수는 없지만 관련성을 증명하는 증거 능력이 뛰어나 과학수사에서 중요시된다.

예를 들어 살인사체유기사건에서 피해자의 의류에 부착된 토사와 살인현장 또는 사체유기현장의 토사를 비교해서 관련성을 확인할 수 있고 범인을 알아내는 경우도 있다. 특히 일본은 세계적으로도 유수한 지각변동대에 위치해 있기 때문에 토사 분포가 매우 다양하다. 그런 이유로 토사는 수사에 큰 도움이 된다.

토사 검사에서 조사하는 것은 먼저 토양의 색깔이다. 토사의 색은 주요 토사의 종류, 풍화 과정이나 정도, 산화나 환원 상태, 식물과 땅속 미생물의 영향 등 역사를 반영한다.

그 다음 토사를 알갱이 크기로 나눌 때의 비중을 조사한다. 또 토사를 구성하는 광물 감정도 빼놓을 수 없다. 모래는 현미경으로 조사하여 광물의 종류를 식별하는데 더 세세한 부분은 X선으로 측정하여 결정의 구조를 조사하고 종명을 확인한다.

식물 파편도 의복에 부착되기 쉬우므로 중요한 단서가 된다.

식물의 종명을 확인하는 것은 꽃이나 나뭇잎의 모양 등을 육안으로 보고 확인하는데 꽃가루와 같은 미세한 것은 현미경으로 형태를 관찰한다. 식물이 있는 장소에서 이루어졌다고 여겨지는 사건의 수사는 식물학적 형태조사나 식물 DNA 등을 상세히 검사 및 분석한다.

일본의 주요 토양의 종류

갈색삼림토

화산재의 영향이 적은 대지, 구릉지, 산지에 많이 분포한다. 산성이 강한 저영양 토양.

안도솔(Andosol)

화산재로부터 발달한 토양. 검고(黒:구로) 물기가 적다 (ホクホク:호쿠호쿠)고 해서 일본어로 구로보쿠토(黒ボク 土)라고 한다. 일본 전국의 구릉지, 대지를 중심으로 분포한다.

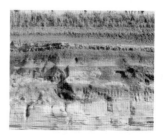

적토

산성 철을 많이 포함하는 토양. 관동 롬 층이 이 토양으로 풍화를 받아 점토질로 되어 있다. 도쿄의 산지나 구릉을 덮고 있다.

관동 롬 층(적토)

➜ **식물 DNA 배열 분석**

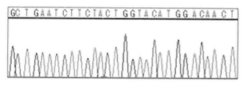

식물의 DNA를 검출, 종류를 식별한다.

갈색삼림토인 도도마쓰 수풀(홋카이도 아시베쓰시)
사진 제공: 일본 농연기구 농업환경변동 연구센터

삽에 부착된 토사가 증거가 되어 범인을 체포한 사건(사야마 사건)도 있지!

COLUMN

땅을 파지 않고 사체를 발견한다

경찰견의 뛰어난 후각을 수사에 이용하는 냄새 과학수사는 범인을 추적할 뿐만 아니라 다양한 증거물의 선별에도 도움이 된다. 개는 후각이 매우 뛰어나 사람 체취의 근원이 되는 땀에 포함되어 있는 지방산에 대한 식별력이 사람의 100만 배 이상이라고 한다. 이것은 냄새를 100만 배 강하게 느끼는 것이 아니라 공기 중에 떠도는 냄새 분자의 농도가 100만 분의 1이라도 냄새를 구분할 수 있다는 뜻이다.

그런데 너무 땅속 깊이 있으면 경찰견도 감지할 수 없는 경우가 많기 때문에 수사가 매우 어려워진다. 하지만 미국 국립표준기술연구소(NIST)에서 개발한 장치로, 사체가 내는 '닌히드린 반응성 질소(NRN)'를 검출함으로서 발견할 수 있는 장치가 있다.

수색 방법은 '사체가 묻혀 있다'고 예상되는 땅속에 긴 침을 꽂아 NRN을 채취하기만 하면 된다. 가령 두께 50cm의 콘크리트 아래에 사체가 있어도 땅을 파지 않고 침을 꽂을 작은 구멍이 있으면 발견이 가능하다고 한다. 현재는 NRN을 채취하는 침 부분만 가지고 다니지만 나중에 개선이 되어 검출 장치도 소형화되면 어떤 현장에서든 사체의 위치를 찾아낼 수 있게 될 것이다.

내 후각이 따라잡지 못할 장치가 개발되었어!

제 5 장

글이나 소리 속에 숨겨진 범인을 감정

33 문서 감정은 어디를 비교할까?

운필 상황, 자획 형태, 자획 구성이 큰 요소

'문서 감정'은 법문서 분야에 속해 말 그대로 필적 감정부터 불분명한 글자의 감정, 인장(도장)이나 인영(찍힌 도장 자국) 감정, 인쇄물 감정 등 여러 분야에 걸쳐 있다. 필적의 특징은 어릴 때부터 긴 시간에 걸쳐 몸에 배인 개인의 버릇이 고정화되어 글씨로 나타나는 것이다.

그래서 이 버릇(특징점)을 글씨의 형태로만 감정하는 것이 아니라 과학적으로 분석함으로써 차이를 식별하는 것이 과학수사에서 하는 문서 감정이다.

그렇다면 글씨의 어떤 특징점을 비교하여 식별하는 것일까? 개인의 특징이 되는 요소를 소개하겠다.

① '운필 상황'은 필순이나 필기구로 썼을 때의 힘의 세기(필압), 움직임이나 흐름을 본다.

② '자획 형태'는 운필에 의해 그려지는 선, 점의 형태나 시필부, 전필부, 종필부로 나눠 각각의 특징을 본다.

③ '자획 구성'은 글자의 좌우 밸런스나 글자 안의 틈, 선과 선의 각도나 교차의 위치관계를 본다.

이처럼 여러 필적의 ① 운필 상황, ② 자획 형태, ③ 자획 구성을 관찰하여 글씨를 쓴 사람이 어떤 특징을 갖고 있는 필적인지를 감정한다.

단, 일본어의 히라가나나 숫자는 직선이나 곡선, 점과 같이 글씨를 구성하는 요소가 적어 특징점이 적으므로 감정이 어렵다고 한다. '인장 감정'의 경우 선과 선의 간격이나 바깥원의 모양, 바깥원과 글자의 위치 관계로부터 인영이 해당 도장으로 찍은 것인지 아닌지를 감정한다.

시간이 경과해서 생긴 '이빠짐'이나 '상처' 등도 도장의 특징이 된다.

문서 감정이란

➜ 문서 감정의 종류

| 필적 감정 | 인장 · 인영 감정 | 인쇄물 감정 |

➜ 글씨 감정의 요소

□ **운필 상황**
필순이나 필압, 흐름이나 리듬

□ **자획 형태**
쓰기 시작할 때의 시필부, 방향을 바꾸는 전필부, 맺고, 뻗치고, 삐침 있는 종필부 등 운필에 따른 한 자획의 모양의 특징

□ **자획 구성**
'변(왼쪽)'과 '나머지(오른쪽)'의 밸런스나 여러 개의 세로선과 가로선의 간격, 선과 선의 각도, 교차 위치 관계 등

□ **글자 모양**
둥글둥글한지 각이 졌는지 큰지 작은지 가로 세로 선의 길이 등

□ **배열 상의 특징**
글자 머리의 위치나 자간, 행간의 간격 정도 등

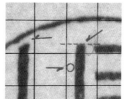

글자 감정의 예

➜ 인장 감정

인장 감정이란 감정 대상이 되는 문서에 찍힌 인영과 비교할 다른 인영(대부분의 경우 인감등록증명서나 인감 도장의 인영)이 똑같은 인장에 의한 것인지 아닌지를 판별하는 것

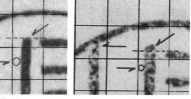

올바른 인   위조된 인

잉크의 더러움이나 성분으로부터 프린터도 알아낼 수 있대!

34 컴퓨터로 필적 감정을 한다

글자 하나에 150가지의 특징점을 수치화한다

필적 감정의 목적은 다양하지만 필적을 해석하여 필자(글을 쓴 인물)를 밝혀내는 것이 가장 큰 목적이다. 감정 대상은 어디까지나 '손으로 쓴 글씨'로, 감정법에는 감정인이 육안으로 식별하는 방법과 컴퓨터로 식별하는 방법이 있다. 현재는 80% 이상이 컴퓨터로 수치해석을 하여 식별하고 있다.

컴퓨터를 사용한 해석은 앞에서 설명한 운필 상황이나 자획 형태 등 필적의 특징점을 모두 수치화한 후 해당 데이터를 컴퓨터로 해석하는 방법이다.

이 방법으로는 이름과 주소와 같은 한 단어 당 150개 이상의 특징점을 수치화하여 통계학 기법을 사용하여 본인이 썼다는 것이 틀림없는 여러 개의 필적(대조 필적)으로부터 그 사람의 필적 특징의 '개인 내 변동 폭'을 통계학적으로 산출한다.

개인 내 변동 폭이란 해당 인물의 글씨의 변화(흐트러짐) 정도를 말한다.

감정 대상 필적이 그 변동 폭 범위에 들어가면 본인의 필적일 가능성이 높고, 그렇지 않다면 다른 사람이 쓴 필적일 가능성이 높아진다.

또 서류에 미세하게 남은, 육안으로는 보이지 않는 필압흔을 가시화하려면 'ESDA(정전기 검출 장치)'라는 기기를 사용한다. 정전기를 발생시켜 종이의 패인 부분에 특수한 분말이 모이게 해 필압흔이 드러나게 한다. 또 ESDA는 프린터로 출력한 종이에 남은 프린터 고유의 박차흔을 식별하여 프린터의 종류나 제조업체까지 알아낼 수 있다.

보이지 않는 글자를 가시화하는 ESDA

➔ ESDA(Electrostatic Detection Apparatus) = 정전기 검출 장치

육안으로는 보이지 않는 글자의 필압흔을 드러나게 하여 식별하는 장치.

① 검출 플레이트 위에 감정하고 싶은 종이를 놓고 특수 필름을 씌운다.

② 방전 장치를 사용하여 필압에 의해 생긴 종이의 파임 부분에 정전기가 모이게 한다.

③ 미세한 구슬(비즈)에 토너 분말을 도포한 특수한 분말을 뿌린다.

④ 필압으로 생긴 미세한 파임에 분말 입자가 모여 글자가 떠오른다.

➔ 사광선을 쬐어 확대한다

○ 사광선(斜光線)을 쬐어 확대하면 글자가 입체(3차원)적으로 보인다.
○ 종이의 패임을 측정하여 특징점을 수치화하면 필자 식별의 정밀도가 올라간다.
○ 필압의 패턴도 쓴 사람 특유의 스타일이 드러나 있다.

글자가 3차원으로 보인다.

일본에서 처음 필적 감정이 증거로 채택된 사건은 '제국은행 사건'이야!

컴퓨터로 필적 감정을 한다

35 변조·위조 문서의 감정

최신기기로 변조·위조를 간파한다

문서 감정의 목적 중 하나로 위조문서의 감정이 있다. 영수증 위조부터 지폐 위조까지 다양하지만 이런 종류의 감정은 육안으로는 판별하기 힘든 경우가 많다.

예를 들어 영수증을 이용하여 나중에 금액을 많이 써 넣는 행위는 엄연한 범죄 행위로, 사문서 위조죄, 그 결과로 금전 이익이 생기면 사기죄가 성립된다.

아무리 잘 위조했다고 생각해도 최신 문서 감정 기술을 사용하면 바로 간파 당한다.

영수증 변조 위조의 경우 필기구의 잉크 성분의 차이가 중요한 단서가 된다. 적외선(IR) 스캐너의 투과 모드나 반사 모드로 스캔하면 잉크 성분의 차이를 감정할 수 있다. 또 '1'에 '∠'를 덧써서 '4'로 위조한 경우 CCD 탑재 마이크로스코프(고성능현미경)로 숫자의 교차 부분을 관찰하면 선이 겹쳐지거나 필기에 의한 패임을 분명히 알 수 있다. 이처럼 덧쓰거나 수정하는 위조는 바로 발견할 수 있다.

과학수사용 광원 장비인 ALS(66쪽 참조)는 서류의 위조문서나 위폐 판정에도 활약한다. 표면상으로는 사라진 글자에 ALS를 쬐어 그 글자를 떠오르게 할 수도 있다. 지폐나 여권은 각 나라가 위조 방지를 위해 여러 장치를 고안해서 ALS를 쬐면 그 일부를 순식간에 간파할 수 있다.

필적 변조, 위조를 발견하는 신병기인 'VSC'는 서류의 잉크 변화나 성질, 삭제된 글자, 변조된 글자나 여권, 지폐의 변조 검사를 모두 할 수 있는 만능 장치이다. 문서 위조는 아무리 잘 해도 들킬 운명에 처해 있다.

변조 문서를 간파하는 방법

➜ 적외선을 쬐어 읽어 들이는 특수 스캐너를 사용한다

예 적외선 스캐너를 사용하면 덧쓴 부분이 희미해져 원래 숫자가 1이라는 것을 알 수 있다.

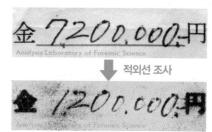

➡ 적외선 조사

스캔한 이미지

➜ CCD 탑재 현미경으로 감정한다

예 확대한 ①과 ②를 비교하면 세로선과 가로선의 상하 관계로 쓴 순서나 부자연스러운 덧쓴 부분을 알 수 있다.

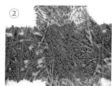

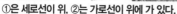

①은 세로선이 위, ②는 가로선이 위에 가 있다.

현미경

➜ ALS를 사용한다

예 ALS를 쬐면 중화된 수정액으로 지워진 글자를 확인할 수 있다. ①의 위조문서에 ALS를 쬐면 수정액으로 지운 ②의 이름을 확인할 수 있다.

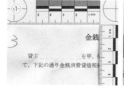

➜ 문서 감정 시스템 · VSC(Video Spectral Comparator) = 화상 스펙트럴 컴퍼레이터

서류의 잉크의 변화, 삭제 글자나 덧쓴 글자, 퇴색된 글자 등 육안으로는 판정할 수 없는 위조, 변조를 검사하는 장치. FBI 등 수사기관이나 출입국심사, 일본의 과학수사연구소에도 도입되어 활약하고 있다.

변조 · 위조 문서의 감정

36 사람의 목소리가 나오는 원리와 해석법

성도에서 숨이 음성으로 바뀐다

음성 감정은 그래프로 된 주파수를 분석하는 작업으로, '성문 분석'과 '음성 분석'으로 나뉜다.

성문 분석은 사람의 목소리를 분석하여 이 목소리와 저 목소리가 동일 인물인지 아닌지, 개인을 식별하는 데 사용되는 감정법으로, 신뢰도가 상당히 높은 감정법이다.

한편 음성 분석은 사람 목소리 외의 각종 소리를 분석하는 감정법이다.

목소리는 폐에서 나온 공기가 성대를 진동시켜 나오지만 이 때는 무수한 주파수가 겹쳐 단지 '부-부-'하기만 할 뿐 개체차이는 없고 고저 차이만 있는 소리이다.

이 소리가 인두, 구강, 비강(성도), 3기관을 통과하는 동안 공명과 증폭됨으로써 다양한 주파수를 가지고 의미 있는 목소리가 되어 나오는 것이다.

성도 기관의 길이나 모양, 그리고 혀를 굴리는 방법에 따라 넓이가 변화하는 구강, 비강, 치열 등과 같은 발성기관의 모양은 사람에 따라 다르기 때문에 각각 고유한 목소리가 나온다.

개인차가 있는 목소리를 분석 소프트웨어로 분해하여 주파수의 크고 작음에 따라 배열한 그래프를 '성문(스펙트럼 그램)'이라고 한다.

성문은 목소리의 지문이라는 뜻으로 목소리의 고저와 강약, 시간적 변화를 농담 형태로 그려 미세한 차이를 눈으로 볼 수 있는 문양으로 나타낸 것이다. 성문에 따른 개인 식별을 하는 주파수 분석 장치를 '사운드 스펙트럼 그래프(소노그래프)'라고 하는데 범죄 수사에 도입하여 성과를 올리고 있다.

사운드 스펙트럼 그래프에 대한 자세한 내용은 90쪽을 참조하기 바란다.

소리가 나오는 원리와 성문

➜ 소리가 나오는 원리

성대	➜	성도	➜	목소리의 개인차

성대
소리는 폐에서 내보내는 공기가 성대를 진동시킨다. 이때는 부저와 같은 소리만 있다.

성도
인두, 구강, 비강 등을 통과하는 동안 공명과 증폭되어 주파수가 강해져 사람다운 목소리가 된다.

목소리의 개인차
성도 기관의 길이, 모양, 허를 굴리는 방법, 치열 등이 고유의 목소리를 낳는다.

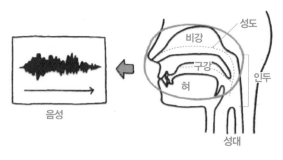

음성

트럼펫

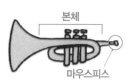

*마우스피스로만 내는 소리는 '부─부─'로 들린다. 본체를 붙이면 아름다운 음색으로 바뀐다. 사람의 목소리의 원리와 똑같다.

➜ 성문(스펙트럼 그램)이란?

목소리의 고저와 강약, 시간적 변화를 농담 형태로 그려 미세한 차이를 눈으로 볼 수 있는 문양으로 나타낸 것(목소리의 지문)

세로축은 주파수

성문

가로축은 시간

➜ 성문으로 목소리 변조를 확인한다

녹음한 것을 컴퓨터로 변조하면 스펙트럼 그램에 다른 프레이즈가 보인다. Ⓐ와 Ⓒ의 스펙트럼 그램은 연속성을 보이지만 Ⓑ는 양 끝과 다르다. 삽입 녹음을 해서 내용을 변조했다는 것을 알 수 있다.

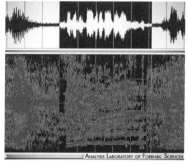

ANALYSIS LABORATORY OF FORENSIC SCIENCES

Ⓐ　　　Ⓑ　　　Ⓒ

보이스 체인저로 목소리를 바꿔도 지금의 음성 분석 기술을 사용하면 바로 알 수 있다!

37 성문을 분석하여 개인을 식별한다

주파수 분석장치·사운드 스펙트럼 그래프

성문 분석에 의한 감정은 증거로서의 가치가 지문 감정 다음으로 높아 범죄 사실을 증명할 중요한 과학적 증거가 된다.

앞 항목에서 본 성문 분석기기를 좀 더 자세히 설명하면 '성문(스펙트럼 그램)'은 세로축이 주파수, 가로축이 시간, 스펙트럼의 크기를 농담으로 표시하고 있다.

음성 데이터를 해석하여 성문의 형태로 나타내는 기기를 '사운드 스펙트럼 그래프(소노그래프)'라고 한다. 감정을 할 때는 똑같은 말의 음성 데이터를 채취해야 성문끼리를 비교할 수 있다.

사람이 들을 수 있는 주파수는 20~2만 헤르츠(Hz)라고 하는데 성문 분석에서는 주파수가 가장 집중된 85~8000헤르츠를 조사한다.

분석 방법은 사운드 스펙트럼 그래프의 분석 필터에 따라 '협대역(대역폭이 45헤르츠)'과 '광대역(대역폭이 300헤르츠)', 이 두 패턴으로 나눌 수 있다. 협대역은 목소리의 높이나 주파수 성분의 상세한 상태를 나타내는데, 성문 데이터는 줄무늬로 나타나고 줄무늬 모양의 간격을 보면 목소리의 높이(피치)를 알 수 있다. 광대역 성문 데이터는 띠 모양의 농담으로 나타나는데 짙은 부분의 음의 주파수 성분이 집중되어 있는 부분을 '포먼트(Formant: 공명주파수대, 음형대)'라고 한다.

주파수가 낮은 부분부터 '제1 포먼트(F1)', '제2 포먼트(F2)'라고 하며, 이 문양의 농담으로 개인 식별이 가능해진다.

현재는 최대 5000분의 1초의 음성을 분석할 수 있다. 대상이 되는 2개의

성문을 비교하는 경우 10초 동안 12군데의 특징점이 일치하면 동일인물일
가능성이 높다고 한다.

사운드 스펙트럼 그래프

➜ 사운드 스펙트럼 그래프(소노그래프)

음성 데이터를 해석하여 성문 모양으로 나타내
는 주파수 분석 장치. 빛이나 전자파를 분광 장
치에 걸어 파장별로 색을 나눠 나열한 것을 스펙
트럴이라고 한 데서 이런 이름이 붙었다.

➜ 2 패턴 분석법

□ 협대역(대역폭이 45헤르츠)

성문 데이터는 줄무늬 모양으로 나타나 줄무늬
의 간격을 보면 목소리의 높이(피치)나 주파수 분
포를 알 수 있다.

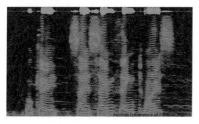

□ 광대역(대역폭이 300헤르츠)

성문 데이터가 띠 모양의 농담으로 나타나 진한
부분은 소리 에너지가 강한 부분으로 '포먼트(공
명주파수대)'라고 한다.

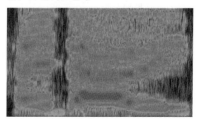

➜ 포먼트(공명주파수대)란?

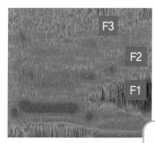

성도에서 공명에 의해 소리 에너지가 강해짐과 동시에 특정
주파수의 소리의 음량이 커지는 포인트가 있다. 이 포인트는
주파수가 낮은 부분부터 'F1', 'F2'라고 해서 5개까지 있다고
한다.
제1, 제2 포먼트의 분포는 모음을 결정하고, 제3, 제4, 제5 포
먼트 분포가 음질을 결정한다.

사운드 스펙트럼 그래프는 미국 벨연구소,
포터 박사가 개발했대(1945년)!

38 소리가 전하는 범인상을 분석

범인의 전화로 배경음을 식별한다

음성 감정의 경우 성문 식별뿐만 아니라 그 외에도 알 수 있는 것이 많다. 용의자가 걸어온 전화도 중요한 단서 중 하나이다. 학교의 차임벨이나 종소리, 철도 건널목 등과 같은 배경음이나 환경음은 발신원을 좁히는 데 효과적이다.

또 승용차의 엔진음이나 거리의 소음 등과 같은 노이즈로 음이 선명하지 않은 경우 컴퓨터로 그 소리를 제거하여 지역을 식별할 수 있을 만한 특징이 있는 아주 적은 특정음의 성분만을 분석해서 수사에 크게 일조하기도 한다.

실내에서 하는 대화는 반드시 반사되어 메아리처럼 되돌아온다. 사람의 귀는 그런 반사음을 못 듣지만 기계는 포착할 수 있다. 이런 '공간 반사음'을 분석하면 범인이 실내에 있는지 실외에 있는지를 알 수 있다. 또 실내인 경우 대략 어느 정도 크기의 공간에 있는지를 추정할 수 있다.

그 다음 협박전화 등으로 범인의 목소리를 알게 되면 범인상 분석이 이루어진다. 목소리는 나이가 들면 바뀌므로 전화 목소리로 대략의 나이를 추정할 수 있는 경우가 있다. 또 목소리는 일반적으로 키가 크면 낮아지고 키가 작으면 높아지는 성질이 있기 때문에 키도 어느 정도는 추측할 수 있다. 성별의 경우도 일반적으로 여성이 남성보다 성대가 짧고 목소리가 높은 경향이 있다.

더욱이 말하는 방법의 특징으로 범인의 성격, 직업까지 추측할 수 있는 것이 '범죄자 프로파일링'이다. 미국 FBI에서 조직화되어 일본에서도 과학수사연구소에서 채택하고 있는 곳도 있지만 범인 체포보다는 수사를 지원하는 입장에 있다.

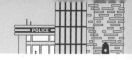

배경음이 범인을 쫓는다

➡ 배경음도 중요한 수사 정보이다

· 철도 건널목이나 보행음
· 역 구내방송
· 학교 차임벨
· 슈퍼나 편의점 안내 방송
· 절의 종 etc

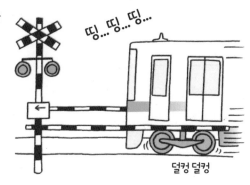

띵... 띵... 띵...

덜컹 덜컹

➡ 고후신용금고 여직원 유괴살인사건의 음성 감정(1993년)

역탐지 장치에 남아 있던 범인의 음성을 바탕으로 음성 · 음향 연구를 하는 과학경찰연구소 출신 스즈키 마쓰미 씨에게 감정을 의뢰. 그 감정 결과와 실제 범인상을 비교.

특징	감정 내용	실제 범인
① 키	목소리 주파수로부터 키는 170cm 전후	범인의 키는 172cm
② 나이	40세에서 55세 사이로 추측	38세
③ 소재지	야쿠소쿠를 '야구소구'라고 탁음으로 발음한 데서 고후분지라고 추측	고후출신 · 거주
④ 직업	몸값을 '무늬없는 지폐 묶음종이'로 요구한 데서 고액의 금액을 다루는 직업	대형 트럭과 같은 자동차 판매회사에 근무

□ 사건 개요

1993년 야마나시현 고후시에서 고후신용금고 여직원(당시 29세)이 신문기자를 사칭한 남자에게 취재 목적으로 불려나가 유괴되어 살해되었다. 범인은 자수하여 체포되어 무기징역으로 복역 중.

지금은 스마트폰이나 휴대전화의 GPS 기능을 사용하여 위치 정보를 간단히 손에 넣을 수 있는 시대야!

일본에서 처음으로 음성 감정을 도입한
'요시노부짱 유괴살인사건'

사람의 목소리를 과학적으로 해석하는 기술은 제2차 세계대전 중에 비약적으로 발전했다. 적국의 통신 내용을 분석하여 작전 계획에 활용한다는 군사 목적의 연구가 성행했기 때문이다. 세계대전이 끝나고 음성에 관한 연구는 일시 중단되었지만 미국의 통신연구소인 벨연구소(창업자는 발명가 에디슨)가 FBI의 요청을 받아 기술을 계속 발전시켜 갔다.

사람의 목소리를 식별하는 음성 감정이 역사상 처음 등장한 것은 1932년 대서양 단독 무착륙 비행에 성공했다고 알려진 찰스 린드버그의 장남이 유괴되어 몸값을 빼앗긴데다가 살해된 사건이다.

일본에서 음성 감정의 장을 연 것은 1963년 도쿄 다이토구에서 발생한 '요시노부짱(당시 4세) 유괴살인사건'에서다. 범인으로부터 걸려온 전화 목소리가 TV와 라디오에 공개 방송되었다.

경찰은 이 사건에서 처음으로 소수의 전담 수사원을 배치하여 수사를 진행하는 FBI식으로 전환하여 음성 감정(감정은 FBI에게 의뢰)도 했던 것이다. 그때까지는 관할서나 본청에서 많은 수사원을 도입하는 수사본부 방식을 채택했었다.

이때 처음으로 성문 분석이 이루어졌지만 결정타는 되지 못하고 중요한 수사정보로 활용되기만 했다. 사건발생으로부터 2년 후에 범인이 체포되었고 이 사건 후에 경찰청 과학경찰연구소에 음성연구실이 설치되어 음성 감정이 범죄 수사에 본격적으로 도입되었다.

제 6 장

갑자기 휘말린
화재·교통사고 감정

39 경험과 학식이 요구되는 교통사고 수사

과학수사가 자신과는 무관하다고 여길지 모르지만 누구에게나 갑자기 닥칠 수 있는 것이 바로 교통사고이다.

교통사고도 경미한 물손사고의 경우는 합의로 해결할 수 있지만 사상자가 나오는 큰 사고나 뺑소니 사고의 경우는 현장 수사나 증언을 바탕으로 교통사고를 재현하고 사고 원인과 차량의 주행상황 등을 규명하는 과학 감정이 이루어진다.

교통사고의 조사는 범위가 넓어 경험과 폭넓은 지식이 요구된다. 사건이 사고인지와는 상관없이 교통사고가 일어났을 때 조사의 흐름은 기본적으로 똑같이 다음과 같이 이루어진다.

(1) 사고현장의 실제 상황 확인이 가장 중요하며 사고현장에 남은 노면 흔적과 사고 차량의 손상으로부터 사고 상황을 떠올릴 수 있다. 그리고 타이어 흔적(스키드마크), 찰과흔(가우디흔), 오일 흔적, 혈흔, 차량의 부품, 사고 차량의 손상 부위 및 정도를 관찰한다. 충돌 각도나 충돌 속도 등을 알 수 있다.

(2) 사고와 관련된 관계자로부터 사고 상황을 듣고 물어 사고 당시의 올바른 증언을 끌어낸다.

(3) 사고현장의 조사 결과를 바탕으로 사고를 재현 · 검증한다. 교통사고의 원인은 단순히 운전자의 부주의만으로 일어난다고 할 수 없다. 차량 구조는 물론이고 도로 구조나 주변 환경, 기상 상황 등 다양한 요인도 고려하여 사고 당일의 이런 상황 자료를 종합적으로 수집하여 재현하고 판단할 필요가 있다.

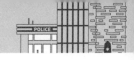

(4) 이상의 감정을 바탕으로 종합적으로 사고 사태를 판단하고 감정서를 작성한다.

교통사고 감정의 기본 흐름

실제 상황 파악
↓
관계자로부터 사고 상황 조사
↓
사고 재현
↓
사고 상태의 판단과 감정서 작성

(1) 실제 상황 파악

① 노상 흔적 조사

타이어 자국, 찰과 흔적, 뿌려진 오일 흔적의 방향, 종류, 양을 체크, 유리 파편이나 도장 파편 채취, 피해자의 혈흔 등을 조사한다(상세한 내용은 100쪽 참조).
조사할 포인트 = 충돌 지점을 특정, 브레이크 유무를 해석하여 핸들 조작을 파악한다. 유리 파편과 도장 파편은 가해 차량을 특정할 수 있는 증거가 된다.

② 사고 차량의 손상 분석

사고 차량의 변형 부분을 정밀히 기록 · 분석한다. 변형 부분은 차량 제조업체로부터 도면을 받아 정밀 조사한다.
조사할 포인트 = 충돌 속도, 충돌, 각도, 충돌 부위를 판별한다.

(2) 관계자로부터 사고 상황 조사

사고 직후는 패닉 상태가 되어 제대로 된 증언을 얻기 어려우므로 따로 다시 사정을 조사한다. 사고현장 부근의 감시 카메라 등도 체크하여 사고 전후의 상황을 파악한다.

(3) 사고 재현

실제 상황 파악이나 사고 상황 조사로부터 얻은 정보를 바탕으로 사고를 재현한다. 재현의 정확도를 높이기 위해 당일의 환경 요소도 추가해야 하며 관할 경찰로부터 국토성, 기상청 등의 자료도 추가한다. 그림으로 재현, 3D 이미지로 재현하여 사고를 가시화한다.

(4) 사고 상태의 판단과 감정서 작성

급브레이크를 밟아도 타이어가 잠기지 않는 ABS는 옆으로 미끄러지는 것을 방지해 주지만 타이어 자국이 남지 않아!

40 교통사고의 키포인트, 사고의 재현

교통사고의 진상을 규명하는 데 있어 각각의 증거를 따로 따로 취급하면 본질을 간과하기 쉽다.

교통사고가 일어날 때는 여러 가지 요소가 복잡하게 얽혀 있기 때문에 법공학이나 법의학, 정보과학 등 다양한 학술적 접근이 필요하다.

예를 들어 차량의 성능이나 구조, 부품 정보는 국토교통성이나 차량 제조업체, 도로의 구조나 주변 환경은 각 자치단체, 신호나 표식 등은 지자체 공안원회, 당일의 날씨는 기상청, 사고 상황은 관할 경찰 등 필요한 정보를 얼마나 많이 모으냐가 감정 결과의 정확성을 좌우하게 된다.

그 다음 현장이나 각 행정기관으로부터 얻을 수 있는 정보를 해석하여 사고를 재현할 필요가 있다. 사고를 재현하는 기법에는 여러 가지가 있다.

예를 들어 사진에 있는 정보 중 육안으로 얻을 수 있는 것은 15%에 지나지 않는다고 한다. 그래서 사고현장 사진에 화상분석을 실시하여 사진에 숨겨져 있는 사고 흔적을 발견할 수 있는 경우도 있다. 또 운전자의 시야나 차량의 위치 관계, 선회시작 위치, 속도, 주행 궤적 등 계산으로 얻을 수 있는 수치를 바탕으로 정밀도가 높은 그림을 그리면 사고의 재현성을 한층 끌어올릴 수 있다. 그 외에도 사고 차량이나 도로를 3D로 재현하여 사고를 가시화할 수도 있다.

피해자의 상처흔에서 사고를 재현하는 방법도 있다. 피해자가 상처를 입은 위치나 차량에 남아 있는 흔적을 대조하면 충돌 속도나 방향을 객관적으로 밝혀 낼 수 있다.

교통사고의 재현 기법

➜ 재현에 필요한 요소와 관할

차량 구조 · 부품 정보 ⇒ 국토교통성이나 차량 제조업체　　신호 · 표식 확인 ⇒ 지자체 공안원회
도로 · 고속도로의 구조 · 주변 환경 ⇒ 각 자치단체　　　　당일의 기상 정보 ⇒ 기상청

➜ 사고 재현 기법

화상분석: 육안으로 얻을 수 없는 정보를 사고현장 이미지를 분석함으로써 새로운 사실을 알 수 있다. 예를 들어 보이지 않은 브레이크 자국이 발견되면 고의인지 과실인지를 판단하는 재료가 된다.

화상분석

99

➜ 고정밀도 그림 · 3D 이미지를 만든다

차량의 위치관계, 주행 궤적 등을 계산으로 얻을 수 있는 수치를 바탕으로 고정밀도의 그림을 그림으로써 진상 규명으로 이어진다. 3D 이미지를 작성할 수도 있다.

사고현장의 3D 이미지

➜ 상처흔에 의한 재현

피해자 차량이 받은 사고 상처로부터 사고를 재현하여 충돌 모습 등을 객관적으로 재현할 수 있다.

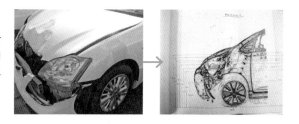

41 뺑소니 범인을 쫓는다!

타이어 자국, 도장 파편 등 노면의 흔적을 분석

2017년 일본의 뺑소니 발생 건수는 8253건으로 2004년에 비해 반 이상 줄었다. 전체 검거율은 2005년부터 상승해, 사망 사건으로만 한정하면 검거율은 90%에서 100% 가까운 높은 수준이다(2018년 법무성 범죄 백서).

뺑소니 사고의 경우 현장에 남아 있는 흔적으로부터 차종 등을 좁혀 차량을 빨리 특정할 수 있다. 차가 범죄에 사용되는 것은 빈집털이, 범인 도주용, 사체 운반 등 여러 가지가 있다. 뺑소니 사건에 국한되지 않고 차량이 사용되는 많은 범죄에서 피의자로 연결되는 차량 특정에 중요한 것은 '타이어 자국'이다.

타이어의 접지면에는 몇 가지 '트레드 패턴(고랑 모양)'이 있기 때문에 형태가 명확하게 남아 있을 때는 육안으로도 차종을 좁힐 수 있다.

또 타이어 성분 비율은 제품마다 다르므로 노면의 먼지나 타르와 섞인 미량의 타이어 자국도 성분 분석을 하면 차종이나 제조연도 등을 판명할 수 있는 경우가 있다.

'도장 파편'도 차종, 모델, 연식에 따라 다르다. 차량의 도장은 전착 도장(밑칠), 중도 도장(중간칠), 상도 도장, 3층으로 구성되므로 각 층의 색, 성분이 일치하면 차량을 특정할 수 있다.

그 외에도 '플라스틱 파편'이나 '유리 파편'도 차종을 알아내는 데 도움이 된다. 유리 파편은 유리별 제품의 차이는 적지만 유리마다 다른 굴절률을 정밀하게 측정하여 차이를 식별해 간다. 또 바륨이나 안티모니, 비소와 같은 극소량의 불순물량을 분석하여 식별하는 방법도 있다.

노면의 흔적을 분석한다

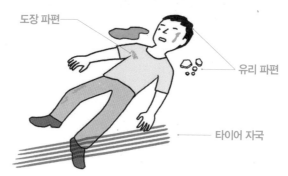

- 도장 파편
- 유리 파편
- 타이어 자국

➜ 타이어 자국(스키드마크)과 사용 기종

타이어의 표면은 '트레드 패턴'이라고 해서 용도별로 4가지 패턴이 있다.

리브형
승용차 · 트럭 · 버스

러그형
건설 차량 · 농경 차량

리브러그형
산업차량(포크레인 등) · 건설 차량

블록형
스터드레스 타이어 · 스노 타이어

➜ 도장 파편

도장은 3층으로 나뉘어지므로 도료로 차종·모델·생산시기, 생산 공장까지 알 수 있는 경우가 있다.
검사 방법은 적외선 흡수 스페트럴을 사용해 적외선의 흡수율의 차이를 본다. 주사전자현미경으로 단면을 관찰한다.

3층 도장
상도 도장(두께 30~50㎛)
중도 도장(두께 30~50㎛)
전착 도장(두께 20~25㎛)

➜ 유리 파편

굴절률을 검사해서 차이를 식별한다.

경찰관계기관에는 방대한 차량 관련 데이터가 있어서 사고 후 도주는 일단 무리군!

42 화재 원인을 규명하는 화재 감정

출화 장소를 특정하고 방화인지 실화인지를 규명한다

화재 감정의 역할은 출화 장소나 출화 원인을 알아내고 그와 함께 '방화'인지 '실화(실수로 난 화재)'인지 '자연발화'인지를 해명하는 것이다. 2017년 일본 전국의 총 출화건수는 39377건으로, 출화 원인의 1위는 '담배'가 3712건, 2위는 '방화'로 3528건이었다. 하지만 '방화 의심'이 2305 건이나 되어 '방화'와 '방화 의심'을 합하면 전체의 14.8%를 차지하고 있다(일본 총무성 소방청 방재정보실).

화재 현장에서는 물적 증거가 소실되는 경우가 많아 원인 규명이 상당히 어려운 경우가 있다.

그래서 화재 감정은 현장에서 불이 탄 흔적에 남아 있는 연소 상황을 보고 연소 장소 ⇒ 출화 장소 ⇒ 발화 장소로 귀납적 방법을 사용하여 연소 경로를 거슬러 올라가, 무엇이 원인이었는지를 면밀히 분석해 간다. 또 화재 이전의 상황, 기상 상황, 소화 종사자나 화재 발견자의 증언으로부터 출화 장소나 출화 원인을 좁혀 갈 수도 있다.

방화인 경우 발화 장치나 연소촉진제 등 증거 물건을 발견하는 것도 중요하다. 증거인 '연소잔여물' 분석에는 '가스 크로마토그래피 질량 분석계(GC-MS)'를 사용하여 분석한다. 이 분석은 현장에서 채취한 시료를 가열하여 시료에서 발생하는 가스를 성분별로 분해하여 계측함으로써 시료에 휘발유나 등유가 포함되어 있지 않은지를 조사한다. 연소잔여물의 종류에 따라서는 수백만 분의 1그램의 극소량의 성분이라도 물질을 특정할 수 있다.

육안으로는 완전히 타지 않은 것처럼 보이는 연소잔여물은 'ALS'로 적색

광(625nm)을 쬐어 관찰하면 연소의 심도를 구분할 수 있다. 연소심도의 차이에 따라 출화 장소를 좁히고 그 장소가 부자연스럽다면 방화일 가능성을 생각할 수 있다.

출화 원인을 규명한다

➜ 연소촉진제를 알아내는 방법

□ 연소잔여물 분석 = 가스 크로마토그래피 질량 분석계(GC-MS)

GC-MS로 휘발성 성분의 함유량을 계측하고 휘발유나 등유와 같은 연소촉진제가 존재하는지를 검사한다.

예 화재 현장의 연소잔여물을 측정했더니 등유와 똑같은 성분이 함유되어 있는 데이터가 나와 등유가 존재했다는 것을 알 수 있다.

➜ ALS로 출화 장소를 규명한다

연소잔여물에 ALS로 적색 빛을 쬐어 적색 고글을 쓰고 관찰하면 연소심도를 알아낼 수 있다.

예 육안으로는 둘 다 완전 연소한 것처럼 보이는 연소잔여물에 ALS의 적색광을 쬐었더니 ②의 중심 부분이 하얗게 빛나는 것을 알 수 있었다. 이것은 연소심도를 나타내는 것으로, 연소가 표면에서 끝났다는 것을 알 수 있다. 따라서 ②는 출화원에서 떨어진 장소의 것이다.

자살인가? 사고인가?

출입구에서 떨어진 위치에 있는 사체는 도망가려는 의사가 없었다고 여겨 자살로 판단한다. 출입구가까운 곳이나 창문 방향을 향해 쓰러져 있다면 도망가는 도중에 힘이 빠졌다고 여겨 사고사로 추정한다.

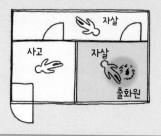

화재현장에서 불에 탄 사체가 발견되는 경우 그 위치도 원인을 해명하는 데 큰 단서가 된다!

COLUMN

차량 블랙박스를 사건수사에 활용

2017년 6월 도메이 고속도로에서 부부가 사망한 사고를 계기로 보복 운전이 큰 사회 문제가 되었다. 그 후 경찰청은 위험운전 치사상해죄와 폭행죄 등 모든 법령을 구사하여 단속하도록 전국 경찰에 지시를 내렸다.

그 결과 2018년 1월~6월에 교통법위반(차간거리 유지 위반) 용의로 적발된 것은 전국에서 6130건으로 전년도 동일 시기와 비교해 배로 증가했다.

그러던 중 2018년 1월에 살의 입증이 필요한 살인죄가 적용되는 '보복운전 사고'가 일어났다. 오사카부 사카이시에서 보복 운전 승용차에 충돌하여 오토바이에 탄 남자 대학생이 사망한 사건이다. 배심원 재판으로 이뤄진 첫 공판에서 피고인은 '일부러 추돌한 것이 아니다'라고 고의성을 부인했지만 '충돌하면 죽을지도 모른다'는 미필적 고의의 유무, 살인죄 성립이 쟁점이 되었다.

오사카부 경찰은 피고인의 차량에 탑재된 '블랙박스' 외에 근처를 주행하던 다른 차의 블랙박스도 분석하여 피고인이 피해자의 오토바이를 추월하여 추돌하기까지의 1분 동안 약 1km에 걸친 자세한 보복 운전 상황을 객관적인 영상으로 만들어 증거를 뒷받침했다. 이처럼 다발하는 자동차 범죄 해결에 활용되는 것이 '움직이는 방범 카메라'라고 하는 차량탑재형 화상기록 장치인 '블랙박스(드라이브 레코더)'이다.

제 7 장

다발하는 위협
약물 남용·독극물 감정

43 계속 늘어나는 사이버 범죄

인터넷을 이용한 범죄가 횡행

범죄자에게 있어 신분도 밝히지 않고 물적 증거를 남기지 않고 범죄를 저지를 수 있는 인터넷 공간은 실로 매력적인 곳이다.

더구나 인터넷을 이용하는 사람이라면 누구나 자신도 모르는 사이에 범죄에 휘말릴 가능성이 있는 위험한 공간이기도 하다.

한편 과학수사망도 확실히 쳐져 있어 법의 정비와 함께 기술도 계속 발전하고 있다. 일본 경찰백서에 따르면 2018년 사이버 범죄의 검거율은 9014건으로, 과거 최다라고 한다.

사이버 범죄란 '컴퓨터 기술, 전자통신기술을 악용한 범죄'라고 정의되어 있다. 이 범죄는 크게 3개로 분류할 수 있다.

① 컴퓨터, 전자적 기록을 대상으로 하는 범죄, ② 인터넷을 이용하는 범죄, ③ 부정 액세스 금지법 위반에 저촉되는 범죄이다. 이런 범죄 중 특히 많은 것이 인터넷을 이용하는 범죄로, 아동 포르노와 같은 외설물 유포, 피싱 사기 행위, 음원의 무단 배포 등 저작권 위반 등이 있다.

사이버 범죄에 대한 과학수사는 먼저 사용된 단말기를 식별하는 것이다. 프로바이더(ISP·인터넷 연결 사업자)가 일정 기간 확보하고 있는 통신 기록(로그)을 수집하여 분석하고 단말기 신원을 특정할 수 있는 IP 주소를 거슬러 올라가 범행에 사용된 단말기를 찾아낸다. 그 다음 단말기 사용자(피의자)를 찾아내 범죄를 입증한다는 흐름으로 되어 있다. 하지만 최근에는 해외 서버를 경유하여 일본의 회원 사이트를 부정으로 액세스하는 사례도 많아 범인을 특정하기 어려운 것이 현실이다. 수상한 사이트는 클릭하지 않는다, 이것이 우리가 할 수 있는 최대 방지책이다.

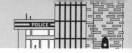

사이버 범죄는 어떤 것일까?

➔ 컴퓨터, 전자적 기록을 대상으로 하는 범죄

- ▸ 홈페이지를 변조한다.
- ▸ 은행의 온라인 단말기를 부정 조작한다.
- ▸ 컴퓨터 바이러스를 작성하여 보내 서버 시스템을 다운시킨다.

➔ 인터넷 이용 범죄

- ▸ 인터넷 옥션의 사기 행위(가짜 상품 판매 등).
- ▸ 인터넷 게시판에 각성제 등 위법 물품을 판매한다.
- ▸ 인터넷에서 외설물을 유포한다(아동 포르노 유포, 소지).
- ▸ 인터넷 게시판에서 범죄 예고, 협박 행위를 한다.
- ▸ 인터넷 게시판에 기업이나 개인에 대한 중상 비방을 게재한다.

➔ 부정 액세스 금지 위반

- ▸ 타인의 ID, 비밀번호를 무단으로 사용한다(위장 행위).
- ▸ 부정 프로그램을 사용하여 인터넷의 약점을 뚫어 부정으로 사용한다.
- ▸ 피싱 사기 사이트 개설.

➔ 사이버 인텔리전스 수법

국가 · 조직 · 기업에 대해 비밀정보를 절취한다.

[예]
2017년 프랑스 대통령 선거에 관련하여 마크롱 후보(당시) 진영이 사이버 공격을 받아 대량의 자료 정보가 인터넷에 유출되었다.

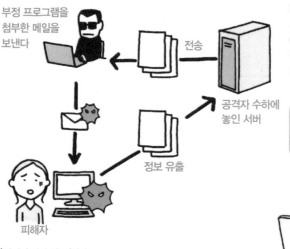

*사이버 범죄 신고/상담
https://cyberbureau.police.go.kr/crime/sub1.jsp

44 젊은이에게 만연한 약물 남용

각성제, 대마, 마약 등의 의존성 약물

약물 범죄는 전 세계적으로 큰 사회 문제가 되고 있다. 사용자의 건강 피해뿐만 아니라 환각이나 망상으로 인한 정신 장애를 일으켜 살인사건과 같은 흉악한 범죄를 불러일으키거나 약물 구입 자금을 위해 강도와 같은 범죄로 치닫는 경우도 있다.

약물 범죄에 대한 과학수사는 먼저 압수한 물건이 각성제나 대마초인지를 감정하고 피의자가 약물을 소지 · 사용했는지 아닌지를 증명하는 것이다.

일본에서 가장 많이 남용되는 약물은 '각성제'이다.

각성제는 화학합성으로 만들어지는 인공 약물로, 중독증상이 강한데 '메스암페타민'과 '암페타민'이 일반적이다. 그 외에 많이 알려진 약물로는 '대마', '마약', '코카인'이 있다. 대마는 대마초에서 추출하는 약물로, 잎을 건조시킨 것을 '마리화나', 수지를 굳힌 것을 '해시'라고 하며, 코카인은 코카 잎에 들어 있는 화합물로 무색무취의 약물이다.

TV 드라마나 영화처럼 수사관이 하얀 가루를 맛보고 약물이라고 판단하지는 않고 실제로는 변색을 동반하는 발색반응을 이용한 '예비 조사'를 한 후 GC-MS와 같은 기기를 사용하여 '확인 조사'를 함으로써 감정이 이루어진다.

정제형 마약이나 각성제는 해외에서 들여오는데, 합성마약 MDMA(별명: 엑스터시)은 매년 압수 량이 늘고 있다. 일본 법무성의 범죄백서에 의하면 2016년의 입수 량은 각성제가 전년의 약 3.5배, 건조대마가 약 1.5배, MDMA와 같은 정제형 합성마약이 약 4.8배로 급속히 증가하고 있다고 한

다. 약물 범죄는 대부분이 밀매 그룹에 의한 조직적 범죄이므로 밀매유통경로를 밝혀내는 것이 중요하다.

다양한 약물의 종류와 증상

➡ 각성제(각성제 단속법)

화학합성으로 만들어진 인공 약물. 메스암페타민과 암페타민이 주로 알려져 있다. 환상이나 망상 등 강한 중독 증상을 일으킨다. 주사로 투여하는 경우가 많다.

➡ 대마(대마 단속법)

마(대마초)에서 추출하는 약물. 잎이나 이삭을 건조시킨 건조 대마(마리화나)와 수지 등을 굳힌 액체 대마(해시)가 있다. 다행감과 도취 상태가 된다. 담배처럼 피워서 흡인하는 경우가 많다.

대마의 재료, 마과 식물(대마초)

➡ 마약(마약 및 향정신성약물 단속법, 아편법)

코카인: 코카 잎에서 추출하는 알카이드 성분. 흥분이나 다변, 피로감 감소 등과 같은 중독 증상을 일으킨다. 코로 흡인한다.

아편/헤로인: 양귀비에 들어 있는 알카이드. 진정효과가 있다. 양귀비 재배로는 일찍이 태국의 황금 삼각지대(골든 트라이앵글)가 유명하다. 아편은 흡인, 헤로인은 주사로 투여하는 경우가 많다.

MDMA: 별명 엑스터시라는 합성마약. 각성제와 비슷한 화학구조를 가지고 환각이나 흥분 작용을 일으켜 뇌나 신경계를 파괴한다.

코카인

MDMA

➡ 약물 조사

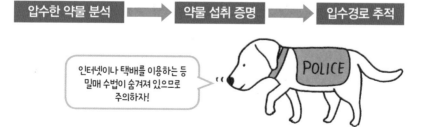

압수한 약물 분석 ➡ 약물 섭취 증명 ➡ 입수경로 추적

인터넷이나 택배를 이용하는 등 밀매 수법이 숨겨져 있으므로 주의하자!

POLICE

45 소변이나 모발로부터 약물을 검출한다

예비 검사와 확인 검사로 종류, 사용실태를 확인

약물 범죄의 경우 약물의 소지나 사용의 증명이 필요하다. 때문에 압수한 물건이 약물인지 아닌지, 체포자가 실제로 약물을 사용하고 있는지를 확인해야 한다. 그래서 우선 간단한 '스크리닝 테스트(예비 조사)'를 한다. 규제 약물 사용 유무를 일괄 확인하는 간이 검사로, 이 테스트에서 양성을 보이는 경우 '확인 검사'를 실시한다. 일반적으로는 소변을 사용하여 검사하지만 경우에 따라서는 타액이나 모발, 땀 등을 조사하기도 한다.

소변의 경우 사용 후 약 5일 이내라면 검출이 가능하다고 한다. 물론 섭취 기간이나 양에 따라 다르다. 한편 모발은 몇 년 동안 유효해서 과거의 약물 복용력을 추정할 수 있다. 개인차는 있지만 모발은 한 달에 약 1센티미터 정도 자라므로 모발을 분해하여 분석하면 사용 빈도나 대략의 사용기간을 추정할 수 있다. 확인 검사는 '가스 크로마토그래피 질량 분석(GC-MS 분석)'을 실시한다.

현재 최신 과학수사에 사용하는 분석 장치는 ng(나노그램=10억분의 1그램) 단위의 약물도 검출 가능하지만, 최근에는 '위험 드러그'와 같이 규제대상 약물이 늘고 있어서 분석에 세심한 주의가 필요하며, 감정에는 높은 기술력과 지식이 요구된다. 경찰 이외는 '일본 후생노동성 지방후생국 마약단속부(통칭: 마토리)'에도 감정실이 있어 검사 및 감정을 하고 있다.

마토리의 약 절반은 약사이다. 특별사법경찰관으로서의 권한을 갖고 있으며 권총 등 무기 휴대가 강제 수사(수색) 등의 권한을 갖고 있고 마약 관련 범죄수사나 단속을 실시하고 있다.

약물 검사의 순서

검사 자료 확인 검사 자료는 피검사자의 동의하에 수사관이 입회하여 채취한다.

스크리닝 테스트 전용 스크리닝 키트에 소변을 떨어뜨리고 반응을 확인한다.

확인 검사 가스 크로마토그래피 질량 분석(GC-MS 분석)을 사용하여 약물(화학구조)을 알아낸다.

가스 크로마토그래피 질량 분석계
화학구조를 바탕으로 분리(GC), 질량의 차이로 분석하는(MS) 분석 기기. 화재 현장의 기름 성분이나 독물 감정에도 사용한다.

모발을 사용한 검사 순서

① 표면의 오염을 세척하거나 메탄올로 제거한다.
② 알칼리로 용해한 후 유기용액으로 추출한다.
③ GC-MS로 측정하여 확인한다.

➔ **셀프체크가 가능한 '약물 검사 키트 A10'**

손쉽게 약물 검사를 할 수 있는 검사 키트이다. 한 번의 검사로 최대 10종류의 약물을 검사할 수 있다.
[문의] 법과학감정연구소 http://alfs-inc.com/

위험 드러그는 합법 허브, 향, 아로마라고 하여 판매되므로 주의하자!

소변이나 모발로부터 약물을 검출한다

46 각양각색의 독극물이 범람하는 사회

독극물의 종류로부터 입수 경로를 알아낸다

오래전부터 살인 수단으로 사용되어 온 독극물은 시대에 따라 변천되었다.

고대 · 중세의 경우는 금속이나 동식물과 같은 자연독이 이용되었지만, 현재는 방대한 수의 화학물질이 생활 속에서 사용되고 있어서 범죄에 사용되는 독극물도 각양각색이다.

'비소', '청산가리(사이안화 칼륨)'에 의한 독살은 지금은 고전적인 살해로 여겨지지만 일본에서도 전쟁 후 얼마 동안은 청산화합물이 빈번히 사용되었다.

청산가리나 청산소다는 위산과 같은 산과 섞이면 맹독인 청산을 발생시켜 불과 0.2g의 청산가리를 먹기만 해도 순식간에 죽음에 이르는 맹독이다.

청산가리는 1948년 '제국은행 사건'에서 사용되어 12명이 독살 당했다. 또 자신을 괴인21면상이라 했던 범인이 청산소다를 넣은 과자를 뿌린 '그리코 모리나가 사건'(1984~5년)은 사회를 혼란에 빠뜨렸다.

고도성장기에 들어서 농약에 의한 중독사가 늘어 '나바리 독포도주 사건'(1961년)의 경우 와인에 유기인산계열 농약인 '테프랄록시딤'이 혼입되어 5명이 사망했다. 이처럼 범죄에 사용된 독극물은 시대와 함께 바뀌어 다양화되고 있다.

독을 추출하는 방법에는 여러 가지가 있지만 규제 약물과 마찬가지로 먼저 중독 증상이나 간이 검사 결과로부터 약물을 추정하고, 기기 분석으로 독극물을 알아낸다. 휘발성 독물(청산화합물, 시너 등)은 '가스 크로마토그래피

질량 분석'을, 불휘발성 물질(비소, 아코니틴 등)은 '고속 액체 그로마토그래피 질량 분석'으로 검사하여 독극물을 감정한다.

독극물이란?

➜ 독극물의 정의

독약 · 극약을 포함하여 외부로부터 경구 또는 흡입이나 주사에 의해 생체에 들어가면 생체조직에 손상을 주고 기능장애를 일으켜 급기야는 사망에 이르게 하는 작용을 갖고 있는 물질의 총칭(브리태니커 국제백과사전 출처)으로, 구체적 물질명은 '독물 및 극물 단속법'으로 지정되어 있다. 독성이 강한 것이 독물이고 조금 약한 것이 극물이다.

➜ 주요 독극물 종류

□ 청산가리(사이안화 칼륨)

청산가리가 위 안에 들어가면 사이안화 수소라는 맹독이 되어 세포의 호흡을 막아 버린다. 치사량은 0.2g이라고 하며 몇 분 안에 죽음에 이른다. 해독제는 아질산 펜틸을 마시면 된다.

□ 비소

모든 생물이 이 비소를 갖고 있다. 독성이 있는 것은 무기 비소로, 추정 치사량은 체중 1kg 당 2~3mg. 급성 중독의 초기 증상은 구토, 복통, 설사, 혈압 저하 등이 있다.

□ 투구꽃속

미나리아재비과에 속하는 다년초 식물로, 주요 독성분은 유독물질인 '아코니틴'이다. 뿌리에 많이 들어 있으며, 먹으면 구토, 호흡곤란, 장기부전이 일어나 죽음에 이르는 경우도 있다.

투구꽃속의 꽃

□ 농약

독물이나 극약으로 지정되어 있는 것은 적지만 벌레(살충제)나 식물(제초제)을 죽이는 농약은 사용방법에 따라 독약도 된다.

와카야마 독카레 사건은 벌써 20년이 지났지만 범인은 아직 무죄를 주장하고 있다. 독극물 사건은 밝혀내는 것이 어렵다!

47 생물화학병기의 위협

사린, VX, 탄저균을 뿌린 사건

생물화학병기는 '가난한 자의 병기(핵무기)'라고 부르기도 한다. 왜냐하면 만드는 사람의 능력과 저가의 기재만 있으면 누구나 손에 넣을 수 있기 때문이다. 그런데 그 위력은 무차별 대량살상도 가능하게 한다. 하지만 국가나 큰 조직 단체는 이 병기를 사용하지 않는다. 왜냐하면 적군 아군을 구분하지 않고 피해를 낼 가능성이 있고 국토를 오염시킬 위험도 있기 때문이다. 그 결과 상대를 쓰러뜨려도 그 장소를 지배하거나 점거할 수 없을 우려가 있기 때문이다. 그런데 세계를 멸망시키는 것을 목적으로 하는 종말사상을 갖고 있는 신흥종교단체에 의한 '종교테러'나 자신이 살아남기를 바라지 않는 '자살 테러리스트'의 경우 그 상식은 통하지 않는다.

세계적으로 가장 크고 유명하다고 할 수 있는 화학병기에 의한 테러 행위는 1995년 3월 일본의 신흥종교단체인 옴진리교가 자행한 '지하철 사린사건'이다. 신경가스 병기인 '사린'을 지하철 차량 내에 살포하여 승객과 역무원 12명이 사망하고 5510명이 중경상을 입었다. 또 2017년 말레이시아 공항에서 북한의 김정남 암살에 사용된 것은 맹독 신경제 'VX'로, 인류가 개발한 화학물질 중에서 가장 독성이 강한 물질이라고 한다.

그 외에도 2001년 동시다발테러 직후 미국에서 '탄저균'을 사용한 바이오테러가 일어났다. 우편물을 미디어 관계자나 민주당 의원에게 보내 11명의 피해자를 내고 그중 5명이 사망한 사건이다. 이런 상황을 바탕으로 일본 각지방 경찰에서는 만일의 테러가 발생했을 경우에 대비하여 '특수부대(SAT)', 'NBC 테러 대응전문 부대'라는 부대를 설치하고 방어를 강화하고 있다.

인류 최강의 신경가스 · 사린과 VX

➡ 사린사건의 개요

신흥종교교단 옴진리교가 유독가스인 '사린'을 사용
하여 일으킨 무차별 살인사건. ① 1994년 6월 나가노
현 마쓰모토시에서 사망자 7명, 200명 이상의 중경상
자가 나왔다. ② 1995년 3월 도쿄 지하철에서 통근시
간을 노려 5000명 이상의 사망자 · 중경상자를 낸 범
죄역사상 유례를 볼 수 없는 사건. 현재도 아직 후유
증으로 고생하는 사람이 있다.

➡ 사린이란?

1938년 독일 나치가 개발. 유기 인 화합물인 신경가
스. 무색무취의 액체로 기화하여 인체에 흡입되면 강
력한 파괴력을 가지고 신경을 망가뜨린다. 방광의 수
축 ⇒ 대량의 땀, 눈물, 콧물이 나오고 두통 · 메스꺼
움 ⇒ 경련, 실금, 의식장애 ⇒ 혼수, 호흡정지가 온
다. 치사량은 1mg이라고 한다.

➡ 사린과 VX의 차이

둘 다 독성이 강한 신경가스이지만 VX의 독성은 사린
의 약 20배라고 한다. 휘발성은 사린은 물과 똑같은
정도이지만 VX는 거의 휘발되지 않는다. 그래서 사린
은 실내, 지하철 등과 같은 폐쇄된 공간에서 사용하면
효과가 있다. 반대로 VX는 사람이 모이는 야외에 살
포되면 무서운 결과를 낳는다.

사린 · VX 대처법

가장 먼저 할 일은 물로 현장을 씻어내는
것이다. 물과 닿으면 분해되어 독성이 사라
진다.
또 호흡으로 폐에 들어가는 경우 외에 피
부로부터도 직접 흡수되기 때문에 전신을
감싸는 것이 중요하다.

경찰의 테러대책전문부대인 'NBC'는
N(핵), B(생물), C(화학)의 머리글자를 딴 거야!

48 발사된 탄환으로부터 총을 특정

발사잔사나 강선흔으로 범인을 밝혀낸다

범죄에서 많이 사용되는 총은 브라우닝이나 토카레프 등이다. 탄환은 발사약(화약)이 채워진 약협(케이스)에 넣고, 약협에는 화약에 불을 당기는 뇌관(점화약)이 있다. 방아쇠를 당겨 격철로 뇌관을 쏘면 불꽃이 일어나 발사약이 점화되고 그 연소 충격으로 탄환이 날아간다. 이것이 총의 원리다.

이때 점화약이나 발사약의 일부(발사잔사)가 범인의 손이나 옷에 남기 때문에 총을 쏜 사람을 밝혀낼 때의 중요한 요인이 된다.

현장에 탄흔이 남아 있는 경우는 라이플링의 강선흔(선조흔, 찰과흔)을 조사한다. 라이플링(rifling)이란 탄환이 똑바로 날아가도록 총신 안에 새겨진 나선모양 홈을 말한다.

이 강선흔은 똑같은 제조업체의 똑같은 종류의 총이라도 완전히 똑같지 않기 때문에 탄환을 쏜 총을 알아내는 데 중요한 증거가 된다.

이 탄환이 동일한 총에서 발사된 것인지 아닌지를 확인하려면 실제로 실탄을 쏘는 '탄환발사실험'으로 탄환에 새겨진 강선흔과 현장에서 발견된 탄환을 비교 현미경으로 검사하여 확인한다. 과거의 발포 사건에서 사용된 탄환의 흔적은 과학경찰연구소가 이미지 데이터로 등록해 두고 있으므로 '발사흔 감정 시스템(BIRI 시스템)'으로 조사하여 과거에 발생한 미해결 사건에 사용된 것인지 아닌지를 대조하면 범인이나 입수 루트를 좁힐 수 있다. 또 피해자의 총상(총으로 입은 상처) 상태로도 총의 종류를 알 수 있으며 맞았을 때의 발사 거리도 법의학적으로 추측할 수 있다고 한다.

➜ 탄환의 구조

끝부분은 탄두라고 하며, 목표를 향해 날아가는 부분이다. 약협에는 발사약, 뇌관(점화약)이 들어 있다. 격철로 뇌관을 쏘아 발사한다.

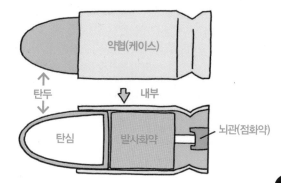

약협(케이스)

탄두   내부

탄심   발사화약   뇌관(점화약)

➜ 총신에 새겨져 있는 라이플링

총구 정면

선저
구경
선구

총신에 새겨진 라이플링

총신 안에 새겨져 있는 나선형 홈으로 얕은 홈에서 탄환에 선회 운동을 주어 직진성을 높인다. 탄환의 라이플링 강선흔은 각 총마다 미세하게 달라 총의 종류를 알아낼 수 있다.

BIRI 시스템의 "비리(꼴찌)"는 선진국 중에서 도입이 가장 마지막이 되었다는 자기경계심에서 따온 거야.

경구란?

총의 경구란 총신의 내경(≒탄환의 직경)을 말한다. 인치(1인치=25.4밀리)를 사용하여 표기한다. 일본 경찰이 사용하는 권총인 New Nambu M60은 .38구경(0.38인치)이다.

49 세계에서 일어난 폭발 테러범을 쫓는다

폭발잔사 흔적으로부터 범인상을 가려낸다

폭발물을 사용한 범죄는 무차별 살상과 파괴를 초래하기 때문에 지극히 흉악한 범죄라고 할 수 있다.

폭발물 과학수사는 폭발현장에 남은 폭발잔사로부터 폭발물의 종류나 양을 알아내고 거기서 범인상을 가려낸다. 폭발현장에는 폭심(폭발의 중심)에 생기는 '누두공(폭발 크레이터)'이라는 원뿔 모양의 구멍이 있다. 이 구멍의 크기를 측정해서 폭발력의 크기를 추정할 수 있다.

또 미연소 잔류화약이나 연소생성물이 부착된 파편 등의 폭발잔사를 찾아 파편화 정도나 비산 상황을 가지고 사용된 폭발물이 화약인지 폭약인지, 폭발물의 종류는 무엇인지, 양은 어느 정도인지를 추측한다. 현장에서 채취한 폭발잔사는 전자현미경 등으로 외관을 검사하는 것 외에 '마이크로 애널라이저'나 '가스 크로마토그래피 질량 분석' 등의 분석기기로 성분을 분석한다. 지금은 분석기기의 성능이 높고 화약류의 분리·농축 기술이 발전하여 나노그램 레벨의 화약도 검출할 수 있어 성분의 차이로 폭발물의 종류를 알아낼 수 있다. 그 다음 현장에서 모은 수많은 파편으로부터 사용된 물질을 가려내어 동일한 폭발물을 만들고 재현실험을 한다.

1985년 나리타공항에서 수화물이 폭발하였는데 그 폭발이 일어난 직후 대서양 상공을 비행하던 비행기가 갑자기 폭발하여 탑승했던 승객승무원 329명 전원이 사망한 대참사가 일어났다. 폭발물 성분을 'X선 회절법'이라는 검사법으로 분석한 결과 두 사건 모두 인도의 시크 교도의 테러로 판명났다.

2013년에는 보스턴 마라톤 폭발 테러가, 2015년에는 파리 동시다발 테러 (자폭 테러)가 일어나는 등 지금은 폭발 사건이 언제 어디에서 일어나도 이상하지 않을 정도다.

폭발 현장을 파악한다

플라스틱 폭탄

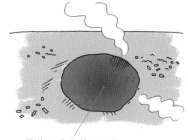

폭발 크레이터(누두공)

➔ 폭발 현장 수사의 순서

폭발물의 특정

① 누두공(폭발 크레이터)을 발견한다
폭심 포인트를 특정하고 크레이터의 크기로 위력을 예상한다. 흙 속의 잔사 성분을 검사. 기폭 장치나 시한 장치의 파편, 미반응 성분으로부터 종류를 추정한다.

② 폭발잔사를 찾는다
파편의 비산 상황, 폭발물의 파편 등은 종류나 양을 알 수 있는 중요한 샘플이 된다.

③ 폭발잔사를 채취, 분석, 폭발물의 종류를 한정한다
폭발잔사를 전자현미경 등으로 외관을 조사하는 한편, 마이크로 애널라이저나 가스 크로마토그래피 등의 분석기로 성분을 분석하고 종류를 확정한다.

④ 폭탄의 재현
날아간 방대한 파편으로부터 폭탄에 사용된 물질을 알아내고 조립하여 재현한다. 지금까지 찾은 폭탄 장치와 비교·검토하여 범인이나 그룹을 알아내는 판단 재료가 된다.

폭발반응에 의한 분류

폭연[화약]: 일부가 연소하면 연소한 열로 순서대로 폭발물질이 반응하는 폭발. 음속 정도의 연소. 로켓의 추진약, 엽총 발사약, 도화선에 사용되는 검은색 화약, 불꽃놀이 화약 등
폭발[폭약]: 폭발적으로 연소하여 화염의 전달 속도가 음속을 넘고, 끝부분은 충격파를 동반하는 폭발. 다이너마이트, 플라스틱 폭탄, TNT(트라이나이트로톨루엔) 등

난(폭발물 탐지견) 자폭테러를 막는 것은 좀 어려워. 그래서 개에게도 '차세대 폭발물 탐지견 육성'이 시급해!

POLICE

COLUMN

바뀌고 있는 경찰의 수사시스템

복잡하고 다양한 범죄에 대해 지금 각국의 경찰 관계자는 차세대 방범 시스템 개발에 힘쓰고 있다. 그 필두에 있는 것이 AI를 도입한 시스템 구축이다. 이미 영국 경찰은 AI를 사용하여 일어날 지도 모르는 큰 사건을 예상하는 프로젝트를 진행하고 있다. 실제로 사건을 일으킬 가능성이 있는 범인까지 예상하려고 한다고 한다. 물론 사건이 일어나기 전에 체포하는 일은 없지만 아직 해결해야 할 문제가 아직 많다고 한다.

중국에서는 AI를 전면적으로 도입한 'AI 경찰서' 건설 구상을 발표했다. 이미 미국에서는 AI가 경찰관의 순찰 코스를 지정하는 등 활용을 시작해서 실적을 올리고 있다. 무인 순찰차나 순찰도 AI가 하는 시대가 곧 올 것이다.

일본 경찰청도 감시 카메라에 찍힌 수상한 차량이나 수상한 사람의 판별이나 의심스러운 금지 거래 분석 등 AI를 활용한 수사 시스템을 도입하여 시범 운영을 시작했다. 한편 경시청의 '수사공조과 발견수사반(통칭 미아타리)'이라는 부서는 지명수배자의 얼굴을 머리에 기억해 혼잡한 곳에서 찾아내는 장인급 능력을 발휘하는 부서인데, 지금도 사람의 뛰어난 능력이 많은 성과를 올리고 있다. 이른바 형사의 감을 100프로 사용하는 수사이지만 얼굴 인식으로는 따라올 수 없는 형사의 보는 눈이 결과를 말해줄 것이다. 새 것과 오래된 것이 힘을 합해 안전을 확보하자는 것이다.

AI 로봇이 수사관을 지시하는 시대가 올지도!

제 **8** 장

앞으로의
과학수사

50 진화하는 게놈 해독

DNA로 범인의 얼굴을 재현한다

　　　　DNA 감정은 현재 범죄수사에서 없어서는 안 되는 중요한 기술이 되었다. DNA 감정만큼 높은 개인 식별 능력을 갖고 있는 과학감정은 현재 달리 없다. 2003년에 사람의 전체 유전자(게놈) 해독이 일어난 이후, 각 방면의 연구가 진행되어 클론 동물의 탄생, 유전자 변형 식품의 출현, 급기야는 게놈 편집으로 쌍둥이 여자아이를 탄생시켰다는 보도까지 나왔다.

게놈 편집이란 사람이나 동물·식물 등의 표적 유전자를 바꾸어 생명의 설계도를 태어나기 전에 바꿔버린다는 충격적인 일이다.

과학수사 감정 분야에서도 SNP 활용(46쪽 참조)으로 고도의 폭넓은 감정 방법이 개발되고 있다. 이 SNP을 사용하여 범인의 인종을 어느 정도까지 좁히는데 성공하고 있다.

네덜란드의 한 대학의료센터에서는 인간의 얼굴 생김새를 형성하는 요인이 되는 유전자를 연구하여 이미 5개의 유전자가 얼굴 형성에 관계한다는 것을 밝혀냈다. 가까운 미래에 범죄현장에서 채취한 DNA로부터 범인의 얼굴을 재현하여 지명수배자의 사진으로 게시할 날도 멀지 않았다.

51 지문채취·감정의 신병기

Livescan, 3D 지문 인증 시스템

기존에는 피의자의 지문을 전용 잉크를 사용하여 종이에 찍어 채취했다. 'Livescan'이라는 최신 기술은 스캐너 기술을 사용하여 지문을 직접 손에서 재빨리 찍어 채취하는 것이다. 카메라 표면을 누른 지문에 레이저를 쬐어 지문을 이미지화하므로 여러 개의 지문을 동시에 채취할 수도 있다. 또 잉크로 손이 더러워지지 않고 다시 찍는 일도 간단하며, 채취한 지문은 컴퓨터에 바로 입력되기 때문에 데이터베이스에 재빨리 반영시킬 수 있다.

미국 FBI가 지문업무의 효율화를 노리고 개발한 자동지문식별 시스템인 AFIS(32쪽 참조)의 모바일 AFIS와 연동시키면 범행현장 등에서 실시간으로 신원 확인이나 유류 지문 대조가 가능해지기 때문에 수사 속도를 올릴 수 있을 것이다.

모바일 AFIS

'3D 지문인증시스템'은 지문을 입체적으로 읽어 들이는 것으로, 손가락 끝이 더럽거나 땀이 차 있는 등 조건이 나쁜 상황에서도 평면 지문보다 더 정밀한 지문 이미지를 채취할 수 있다.

과학경찰연구소에서는 자외선부터 적외선까지 각종 레이저와 고속광 감지기를 조합한 '시간분해분광 이미지법'을 개발하고 있다.

지문에 부착된 물질의 형광을 억제하고 지문의 형광만 효율적으로 검출하여 가시화하는 시스템이다.

52 일러스트나 기호의 위조도 간파하는 'Cyber-Sign'

공중에서 펜의 움직임부터 스피드까지 분석

필적 감정의 최첨단 기술로는 개인인증시스템 'Cyber-Sign'이 있다. 이미 Android 앱 등에서 스마트폰의 화면 해제에 손글씨 사인을 사용하고 있다.

종래의 글씨 습관을 감정인의 경험을 가지고 필자를 식별하는 방법과는 달리 사인의 모양, 필압, 쓰는 순서, 공중에서의 펜의 움직임, 펜의 속도 등을 X좌표, Y좌표별로 스트로크와 필압으로 종합적으로 분석하여 자동으로 개인 식별을 하는 시스템이다.

영어·한자·기호·일러스트도 식별 가능하다. 나이가 들어 쓰는 습관이 바뀌는 것도 자동으로 학습하므로 쓰는 방법이 다소 바뀌어도 상당한 확률로 인증을 할 수 있다. 아무리 교묘하게 사인을 흉내 내도 자형 이외의 특징에 대해서도 식별을 하기 때문에 도용은 거의 불가능하다고 한다.

카드나 비밀번호와 같이 사용하여 도용 문제를 해결하고 강력한 보안을 확보할 수 있다는 점에서 앞으로는 카드리스 카드 시스템의 구축에 주목을 받고 있다. 이미 SF 영화의 세계는 공상이 아니라 차례로 실현되고 있는 듯하다.

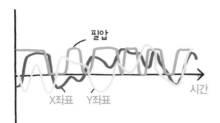

> 범죄가 교묘해지므로 과학수사도 점점 발전하는 거야!

*X좌표축, Y좌표축의 펜의 움직임과 필압에 따라 개인을 식별한다.

53 수사의 새로운 물결, 컴스태트와 테라헤르츠파

AI도 도입하는 방범 시스템

범죄관리시스템으로 주목을 받고 있는 '컴스태트'는 GIS(지리정보시스템)와 축적된 과거의 범죄정보를 분석하여 다음 사건이 발생할 장소나 시간을 예상하는 시스템이다. 영국에서는 이미 AI를 도입한 이 시스템의 활용을 목표로(120쪽 참조) 하고 있고, 일본 가나가와현 경찰도 가나가와판 컴스태트로 수상한 사람을 치한(현 민폐행위방지조례위반)으로 체포하는 실적을 올렸다. '테라헤르츠파'라는 전자파는 전파와 광파의 중간대에 있는데, 테라헤르츠파는 다양한 물질을 쉽게 투과시키는 특징을 갖고 있기 때문에 투과 정도에 따라 해당 물질이 무엇인지를 접촉하지 않고 판별할 수 있다. 짐을 밖에서 탐지할 수 있으므로 금속탐지기나 X선 탐사로는 간파할 수 없는 테러나 범죄 예방에 도움이 된다.

테라헤르츠 주파수에 의한 분류

주파수	종류	사용예
100p	X선	뢴트겐
10P	자외선	블랙라이트
100T	적외선	리모컨
1~10T	테라헤르츠	
100G	밀리파	레이더
10G	SHF	위성통신
1G	GHF	휴대전화
100M	VHF	TV

M : 메가, G : 기가, T : 테라, P : 페타

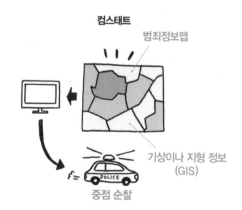

컴스태트
범죄정보맵
기상이나 지형 정보 (GIS)
중점 순찰

컴스태트(Comstat)

컴퓨터(Computer)와 통계학(Statistics)을 합친 조어

54 피검사자의 생리반응을 조사하는 폴리그래프 검사

호흡파, 혈압, 피부 전기반응을 검사한다

사람은 감정 변화에 따라 땀을 흘리거나 고동이 빨라진다. 그런 무의식적으로 나타나는 몸의 미세한 변화를 측정하여 기록하는 것이 '폴리그래프'이다. 폴리그래프란 '많은 기록'이라는 뜻이 있다. 일반적으로 "거짓말 탐지기"라고 하기 때문에 피검사자의 대답이 진실인지 거짓인지를 판정하는 장치라고 생각하지만 정확히는 거짓말을 해서 스트레스를 느끼는 사람에게 공통적으로 나타나는 생리학적 반응을 읽어 내는 것이다. 주로 호흡파, 혈압, 피부전기 반응, 맥파 등을 검사한다. 일본 과학경찰연구소에는 도합 20채널 이상의 생리반응 데이터를 계측하고 해석할 수 있는 장치가 설치되어 있다. 명확한 화학반응이 아니기 때문에 재판의 증거로 채택되는 예는 적지만 연구는 매년 향상되고 있으며 더운 발전할 날이 멀지 않았다.

폴리그래프 장치

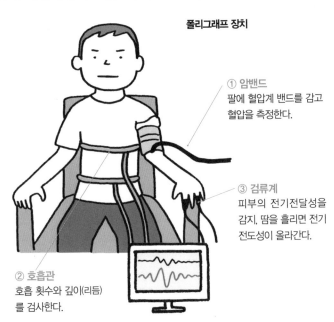

① 암밴드
팔에 혈압계 밴드를 감고 혈압을 측정한다.

③ 검류계
피부의 전기전달성을 감지, 땀을 흘리면 전기전도성이 올라간다.

② 호흡관
호흡 횟수와 깊이(리듬)를 검사한다.

잠 못들 정도로 재미있는 이야기
과학수사

2021. 2. 10. 초 판 1쇄 발행
2023. 2. 8. 초 판 2쇄 발행

감　수 │ 야마자키 아키라(山崎 昭)
감　역 │ 박승범
옮긴이 │ 이영란
펴낸이 │ 이종춘
펴낸곳 │ BM (주)도서출판 성안당
주소 │ 04032 서울시 마포구 양화로 127 첨단빌딩 3층(출판기획 R&D 센터)
　　　 │ 10881 경기도 파주시 문발로 112 파주 출판 문화도시(제작 및 물류)
전화 │ 02) 3142-0036
　　 │ 031) 950-6300
팩스 │ 031) 955-0510
등록 │ 1973. 2. 1. 제406-2005-000046호
출판사 홈페이지 │ **www.cyber.co.kr**
ISBN │ 978-89-315-8960-3 (04080)
　　　 │ 978-89-315-8889-7 (세트)
정가 │ 9,800원

이 책을 만든 사람들
책임 │ 최옥현
진행 │ 최동진
본문·표지 디자인 │ 이대범
홍보 │ 김계향, 박지연, 유미나, 이준영, 정단비
국제부 │ 이선민, 조혜란
마케팅 │ 구본철, 차정욱, 오영일, 나진호, 강호묵
마케팅 지원 │ 장상범
제작 │ 김유석

"ZUKAI KAGAKU SOSA"
supervised by Akira Yamazaki
Copyright ⓒ NIHONBUNGEISHA 2019
All rights reserved.
First published in Japan by NIHONBUNGEISHA Co., Ltd., Tokyo

This Korean edition is published by arrangement with NIHONBUNGEISHA Co., Ltd., Tokyo in care of Tuttle-Mori Agency, Inc., Tokyo through Duran Kim Agency, Seoul.

Korean translation copyright ⓒ 2021~2023 by Sung An Dang, Inc.